大学入試

有機化学の最重要知識スピードチェック

目良 誠二 著

文英堂

■短時間で，入試に必要なことだけを，入試に役立つ形で覚えたい。これは，受験生の永遠の願いである。

■高校化学のなかでも，有機化合物の単元は基礎を身につけておけば解ける問題も多い分野である。このため，この分野を得点源とできるかどうかで合否が左右されるといってよい。

■教科書の重要点をまとめた本は数多く出版されている。しかし，これらの本は，いうなれば「操作説明書のない立派な道具」であり，「**実戦でそれらのまとめをどう活用したらよいか**」まで書いた本は本書だけである。

■本書では，いままで学んだ知識を入試でそのまま使えるように，「**107の最重要ポイント**」として大胆にまとめ直した。また，重要なことがらについては視点を変えて繰り返しとりあげ，最重要ポイントを使いこなすワザを目立つ形でのせた。さらに，適所に入試問題例をのせてある。これらの問題が，本書の内容をおさえればスムーズに解けることを実感してほしい。受験生諸君の健闘を祈る。

目次

脂肪族化合物

芳香族化合物

天然高分子化合物

合成高分子化合物

有機化合物に関する実験

1 化学式の決定

元素分析では**装置**と**吸収される気体**の**順番**が重要！

下の図の装置により，**試料を燃焼させ**，**熱した酸化銅(Ⅱ)を通して完全に酸化させて**，**発生したH_2OとCO_2の質量**を求める。

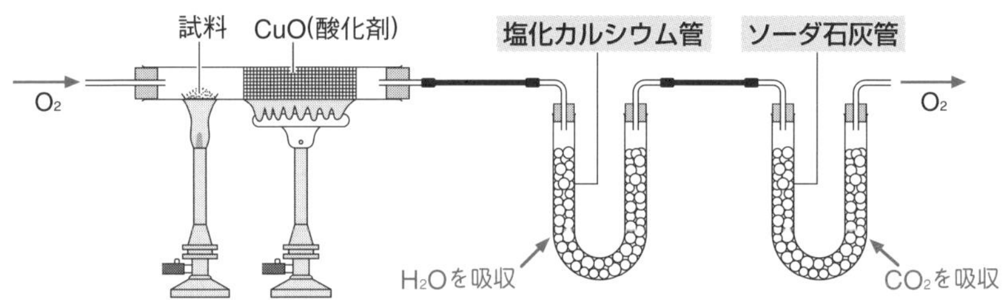

解説 塩化カルシウム管とソーダ石灰管の順番を逆にすると，ソーダ石灰管でH_2OとCO_2の両方を吸収してしまうので，元素分析ができなくなってしまう。

最重要 2

C，H，Oからなる有機化合物の**化学式を決める**とき，多くは次のパターンで求める。

（CとHのみの場合も同じパターン）

1 **元素組成**を求める ⇨ **試料w_0〔g〕が燃焼し**，CO_2 w_1〔g〕，H_2O w_2〔g〕**が生成**したとすると，原子量；C＝12.0，H＝1.0，O＝16.0より，

Cの質量x〔g〕 ⇨ $x = w_1 \times \dfrac{C}{CO_2} = \mathbf{w_1 \times \dfrac{12.0}{44.0}}$

Hの質量y〔g〕 ⇨ $y = w_2 \times \dfrac{2H}{H_2O} = \mathbf{w_2 \times \dfrac{2.0}{18.0}}$

Oの質量z〔g〕 ⇨ $z = \mathbf{w_0 - (x + y)}$

2 組成式(実験式)の決定 ⇨ 試料中のC，H，Oの質量を，x〔g〕，y〔g〕，z〔g〕，またはx'〔%〕，y'〔%〕，z'〔%〕とすると，

原子の数の比は，

$$C:H:O=\frac{x}{12.0}:\frac{y}{1.0}:\frac{z}{16.0}$$

$$=\frac{x'}{12.0}:\frac{y'}{1.0}:\frac{z'}{16.0}$$

$$=a:b:c$$ （簡単な整数比）

⇨ **組成式**は，$C_aH_bO_c$

3 分子式の決定 ⇨ 試料の分子量を別に求め，分子量と組成式の式量からnの値を計算する。（nは整数）

$$n=\frac{\text{分子量}}{\text{組成式の式量}}$$

得られた組成式から計算する。

分子式 ⇨（組成式$C_aH_bO_c$）×n

⇨ $C_{na}H_{nb}O_{nc}$

解説 分子式は組成式を整数倍した値となる。

補足 **分子量の求め方**としては，次の3つがよく出題される。

(1) 試料を気体の状態にして，体積・温度・圧力・質量から気体の状態方程式に代入する。

(2) 試料を水や有機溶媒に溶かして，沸点上昇度や凝固点降下度から求める。

(3) 試料が酸のとき，その水溶液の中和滴定より求める。

塩基の有機化合物は少ない。

4 構造式の決定 ⇨ 試料の性質より求める。

解説 とくに官能基の特性に着目して求める。

補足 **官能基**；化合物の性質を特徴づける原子団(⇨p.41)。

例 −OH；ヒドロキシ基，−CHO；ホルミル基，−COOH；カルボキシ基

例 題　有機化合物の組成式の決定

炭素，水素，および酸素からなる物質**A**がある。46 mgの物質**A**を完全燃焼させたところ，88 mgの二酸化炭素と54 mgの水が得られた。物質**A**の組成式を求めよ。
原子量；C = 12，H = 1，O = 16

解説　46 mgの物質**A**に含まれる各原子の質量は，最重要2－**1**より，

$$C;\ 88\,mg \times \frac{12}{44} = 24\,mg \qquad H;\ 54\,mg \times \frac{2}{18} = 6\,mg$$

$$O;\ 46\,mg - (24 + 6)\,mg = 16\,mg$$

原子数比は，最重要2－**2**より，

$$C : H : O = \frac{24}{12} : \frac{6}{1} : \frac{16}{16} = 2 : 6 : 1$$

よって，C_2H_6Oとなる。

答　C_2H_6O

入試問題例　有機化合物の化学式の決定　信州大改

次の問いに答えよ。ただし，原子量；C = 12，H = 1，O = 16とする。

(1) ある化合物の元素分析の結果は，質量パーセントで炭素59.9%，水素13.4%，酸素26.7%であった。この化合物の組成式を求めよ。

(2) この化合物1.00 mgを容積1.00 Lの真空容器に入れ，373 Kに加熱し完全に蒸発させたときの気体の圧力は51.6 Paであった。この化合物の分子量を有効数字２桁で求めよ。ただしこの気体を理想気体とみなし，気体定数；$R = 8.31 \times 10^3\,Pa \cdot L/(mol \cdot K)$とする。

(3) この化合物の分子式を求めよ。

解説　(1) 化合物の原子数の比は，最重要2－**2**より，

$$C : H : O = \frac{59.9}{12.0} : \frac{13.4}{1.0} : \frac{26.7}{16.0} \fallingdotseq 3 : 8 : 1$$

よって組成式はC_3H_8O

(2) 分子量をxとすると，$PV = \frac{w}{M}RT$より，

$$51.6 \times 1.00 = \frac{1.00 \times 10^{-3}}{x} \times 8.31 \times 10^3 \times 373 \qquad x \fallingdotseq 60.0$$

(3) (1)より，組成式の式量は60。分子式を$(C_3H_8O)_n$とすると，最重要2－**3**より，

$$n = \frac{60}{60} = 1$$

よって，分子式はC_3H_8O

答　(1) C_3H_8O　(2) **60**　(3) C_3H_8O

2 アルカンとシクロアルカン

最重要 3

一般式 C_nH_{2n+2} は，**アルカン** であり，次の **3 点** をおさえる。

1 **鎖式**・**飽和**の炭化水素である。← 環状ではなく，二重結合・三重結合がない。

解説 **鎖式（鎖状）**；C 原子が鎖状に結合。 **飽和**；C－C 原子間がすべて単結合。

2 *n* が 4 以上（C_4H_{10} 以上）には**構造異性体**が存在する。

解説 ▶**構造異性体**；分子式が同じで，構造が異なる化合物。

▶ **C_5H_{12} の構造式（構造異性体）の書き方**

①C_nH_{2n+2} より，アルカンとわかるから，C の結合は次の 3 種類である。

```
                                    C
                                    |
C−C−C−C−C      C−C−C−C         C−C−C
                 |                  |
                 C                  C
```

②H をつけて構造式を完成する。

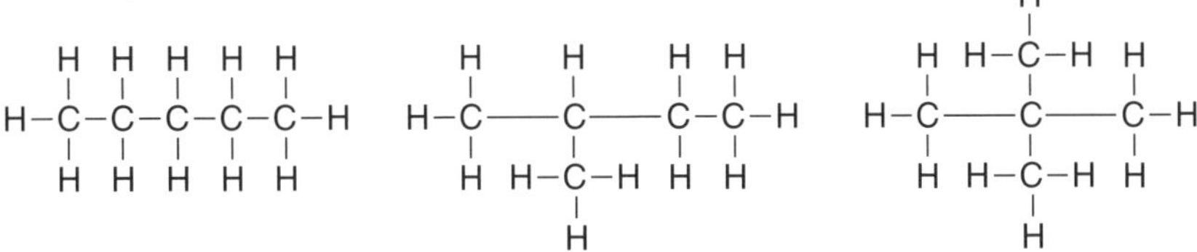

3 1 つの H を他の原子・原子団 X で置換した C_nH_{2n+1}－X において，C_nH_{2n+1}－を**アルキル基**といい，**鎖式・飽和炭化水素基**である。

解説 CH_3Cl，CH_3OH，C_2H_5OH，CH_3COOH など

アルカン・アルキル基の呼び方の基本

炭素数	C_1；メタ	C_2；エタ	C_3；プロパ	C_4；ブタ
	C_5；ペンタ	C_6；ヘキサ	C_7；ヘプタ	C_8；オクタ
アルカン ⇨ …**アン**(ane)	CH_4；メタン	C_2H_6；エタン	C_3H_8；プロパン	
	C_4H_{10}；ブタン	C_5H_{12}；ペンタン	C_6H_{14}；ヘキサン	
アルキル基 ⇨ …**イル**(yl)	CH_3-；メチル	C_2H_5-；エチル	C_3H_7-；プロピル	

▶**枝分かれのある構造のアルカンの呼び方** ⇨ **最も長いCの数を基準**とする。

例 $CH_3-CH_2-CH_2-CH_2-CH_3$ ⇨ **ペンタン**

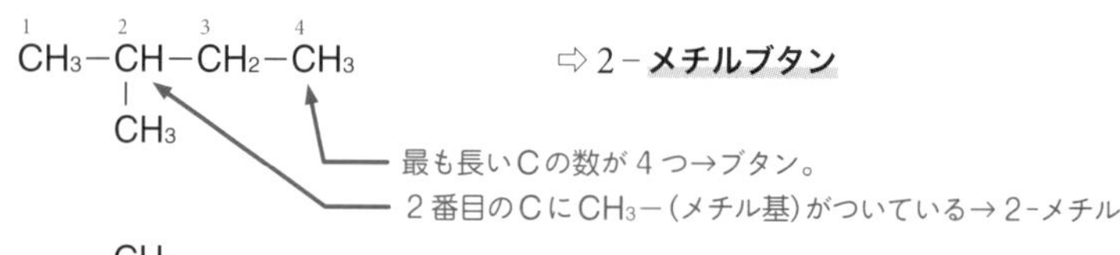

⇨ 2－**メチルブタン**

$$H_3C-\overset{\displaystyle CH_3}{\underset{\displaystyle CH_3}{C}}-CH_3$$

⇨ 2，2－**ジメチルプロパン**

最も長いCの数が3つ→プロパン。

2番目のCにCH_3-(メチル基)が2つ(ジ)ついている。

例題 **構造異性体の数**

化合物C_4H_9Clの構造異性体の数はいくつか。

解説 $C_nH_{2n+1}Cl$より，アルキル基にClが結合した構造である。Hを省略して示すと，

C−C−C−C ⇨ C−C−C−C−Cl　C−C−C(−Cl)−C

C−C(−C)−C ⇨ C−C(−C)−C−Cl　C−C(−Cl)(−C)−C

答 **4つ**

最重要 4 アルカンの性質では，分子量の大小と沸点・融点の関係，水溶性・反応性に乏しいことをおさえる。

1 **アルカン**のような**同族体**では，**一般に分子量が大きい**ものほど**沸点・融点が高い**。 ←分子間力が大きいということ。（分子量が大きい ← 分子中のC数が多いもの。）

補足 **同族体**；同じ一般式で表され，分子構造と化学的性質が似ている。

解説 **直鎖状のアルカンの分子式と沸点・融点**；

CH_4 ～ C_4H_{10} ⇨ 気体　　Cの数5以上 ⇨ 液体　　Cの数18以上 ⇨ 固体

2 **アルカン**は，**水に溶けにくい**が，**ジエチルエーテル**などの**有機溶媒に溶ける**。 ←炭化水素の共通の性質。

補足 アルカンは液体・固体とも，水より密度が小さく，水に浮かぶ。

3 **アルカン**は，**化学反応性**に乏しいが，**完全燃焼**と**置換反応**が起こる。

解説 ▶アルカンは，完全燃焼すると**二酸化炭素**と**水**を生じる。

$$2C_2H_6 + 7O_2 \longrightarrow 4CO_2 + 6H_2O$$

▶アルカンと塩素や臭素の混合気体に光を当てると置換反応が起こる。

$$CH_4 + Cl_2 \xrightarrow{光} CH_3\underline{\underline{Cl}} + HCl$$

（$\underline{\underline{Cl}}$ ← HがClに置き換わる。）

例題 アルカン

アルカンに関連する次の記述のうち，誤っているものを選べ。

① 分子中の炭素数が多くなるにつれて，一般に沸点・融点が高くなる。
② $C_{18}H_{38}$ はアルカンに属する。
③ アルカンは炭素数が3以上になると，異性体が存在する。
④ CH_2Cl_2 には異性体が存在しない。

解説 炭素数が4以上になると異性体が存在する（最重要3－2）。

答 ③

最重要 5

メタンでは，構造，置換反応，実験室での製法がポイント。

1 メタン分子は，正四面体構造。

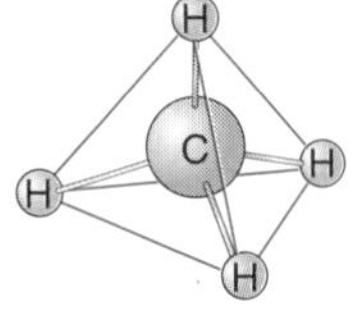

補足 メタンは天然ガスの主成分，無色・無臭で水に溶けにくい。

2 塩素と光の照射によって置換反応が起こる。

$$CH_4 \xrightarrow{Cl_2} CH_3Cl \xrightarrow{Cl_2} CH_2Cl_2 \xrightarrow{Cl_2} CHCl_3 \xrightarrow{Cl_2} CCl_4$$

メタン　クロロメタン　ジクロロメタン　トリクロロメタン　テトラクロロメタン

（クロロ：塩素との置換を示す。）

3 メタンの実験室での製法；酢酸ナトリウムと強塩基を加熱。

解説 $CH_3COONa + NaOH \longrightarrow Na_2CO_3 + CH_4$

シクロアルカンの構造と呼び方をおさえる。

シクロアルカンは，一般式C_nH_{2n}の環式の飽和炭化水素。

解説 ▶**呼び方**；はじめに「シクロ」として後はアルカンと同じ。

▶C_3H_6；

```
    H2
    C
   / \
H2C—CH2
```
シクロプロパン

C_4H_8；

```
H2C—CH2
 |    |
H2C—CH2
```
シクロブタン

C_5H_{10}；

```
      H2
      C
   /     \
H2C       CH2
   \     /
   H2C—CH2
```
シクロペンタン

3 アルケン

最重要 7

アルケンは一般式C_nH_{2n}。構造・特性を覚える。

1 アルケンは，二重結合を1つもつ鎖式の炭化水素。

解説 ▶**呼び方**；同じ炭素数のアルカンの語尾を「エン(ene)」に変える。

▶C_2H_4； $H_2C=CH_2$ エテン または エチレン　C_3H_6； $H_2C=CH-CH_3$ プロペン または プロピレン

2 C_nH_{2n}で臭素水（赤褐色）を加えて｛色が消えた ⇨ アルケン／変化なし ⇨ シクロアルカン｝ (⇨ p.10)

解説 アルケンはBr_2と付加反応して脱色する。

最重要 8

アルケンの反応は，次の3つの付加反応と酸化反応がポイント。 ← とくに付加反応の出題が多い。

1 臭素や水素の付加反応 ⇨ 臭素水の赤褐色が消える。 ← 不飽和結合（二重結合や三重結合）の検出。

解説 $C_nH_{2n} + Br_2 \longrightarrow C_nH_{2n}Br_2$　$C_nH_{2n} + H_2 \longrightarrow C_nH_{2n+2}$ ⇨ HClやHBrとも付加反応。

例 $CH_2=CH_2 + H_2 \longrightarrow CH_3-CH_3$

2 水の付加反応 ⇨ 同じ炭素数のアルコールとなる。

解説 $C_nH_{2n} + H_2O \longrightarrow C_nH_{2n+1}-OH$

例 $CH_2=CH_2 + H_2O \longrightarrow CH_3CH_2OH$ ← エタノールの工業的製法として重要。

3 付加重合 ⇨ エチレンやプロピレンが連続的に付加。 ← 高分子化合物となる。

解説 $nCH_2=CH_2$(エチレン) $\longrightarrow$ $\text{[}CH_2-CH_2\text{]}_n$(ポリエチレン)

4 酸化反応 ⇨ **硫酸酸性 $KMnO_4$ 水溶液を加えると**，水溶液の **赤紫色が消える**。

（$KMnO_4$：酸化剤）

解説 二重結合が酸化され，MnO_4^-（赤紫色）⟶ Mn^{2+}（淡桃色）となる。（Mn^{2+}：ほぼ無色）

二重結合の酸化；$>C=C< + 2(O) \longrightarrow >C=O + O=C<$

入試問題例 アルケンの性質

センター試験

アルケンの性質に関する次の記述について，正しい組み合わせを下の①〜⑥から選べ。

a 縮合重合して高分子化合物をつくる。

b アルカンに比べて反応性に富む。

c フェーリング液を加えて熱すると，赤色沈殿を生じる。

d 触媒の下で水を付加させると，アルケンと炭素数の等しいアルコールを生じる。

e 塩化水素や臭化水素とは付加反応を起こさない。

① **a・b**　② **b・c**　③ **c・d**　④ **b・d**　⑤ **c・e**　⑥ **a・e**

解説 **a**；縮合重合でなく，付加重合（**最重要8－3**）。縮合は，2つの分子から水のような簡単な分子がとれて結合する反応。

b；正しい。

c；フェーリング液との反応はアルデヒドなどの還元性物質。

d；正しい（**最重要8－2**）。

e；ハロゲンやハロゲン化水素と付加反応する（**最重要8－1**）。

答 ④

エチレン分子は平面構造。これに関連したシス－トランス異性体(幾何異性体)を理解する。

1 エチレンは，すべての原子が同一平面上にある。

解説 ▶ C=C結合の炭素原子と，これに直接結合する4個の原子は同一平面上にある。
▶炭素の二重結合はそれを軸として回転できない。 単結合は回転できる。

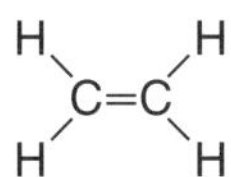

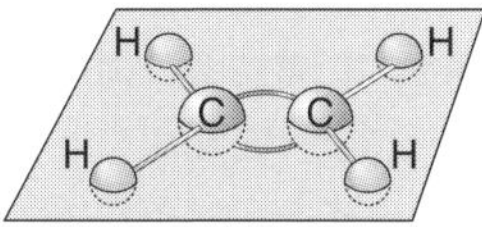

2 シス－トランス異性体 ⇨ 二重結合が自由に回転できないために生じる異性体。二重結合の原子・原子団が互いに異なる化合物。

解説 ▶ **2－ブテン $CH_3CH=CHCH_3$ のシス－トランス異性体(幾何異性体)**；下図のとおり。

シス形

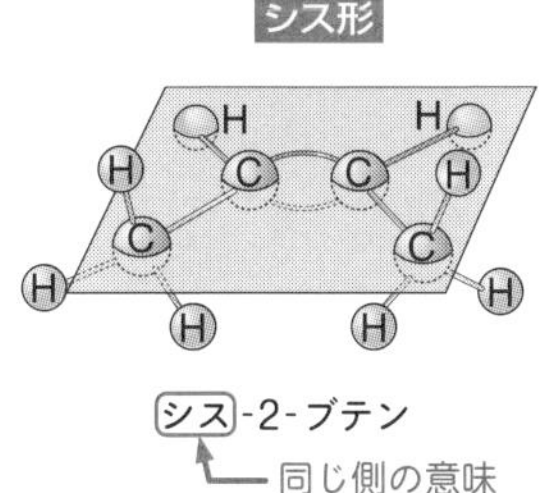

シス-2-ブテン
同じ側の意味

トランス形

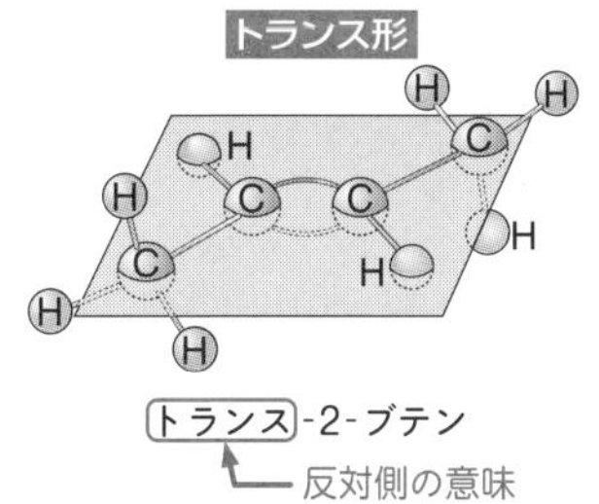

トランス-2-ブテン
反対側の意味

▶**立体異性体**；シス－トランス異性体のように立体構造の違いによる異性体。
⇨ 構造式の異なる異性体が**構造異性体**。 鏡像異性体(⇨ *p.25*)もある。

アルケンの構造異性体と立体異性体

① **二重結合の位置の違いによる構造異性体では，名称にCの位置の番号をつける。**

$\overset{1}{C}H_2=\overset{2}{C}H-\overset{3}{C}H_2-\overset{4}{C}H_3$；1－ブテン　　$\overset{1}{C}H_3-\overset{2}{C}H=\overset{3}{C}H-\overset{4}{C}H_3$；2－ブテン

② シス－トランス異性体の構造式は次のように示す。

H　　H
C=C
H_3C　　CH_3
シス-2-ブテン

H　　CH_3
C=C
H_3C　　H
トランス-2-ブテン

例題　シス-トランス異性体

次の化合物のうち，シス-トランス異性体の存在するものはどれか。

ア　$CH_3CH=CH_2$　　イ　$CH_3CH=C(CH_3)_2$
ウ　$CHCl=CHCl$　　エ　$CH_3CH_2CH=CH_2$
オ　$CH_3CH_2CH=CHCH_3$　　カ　$CH_3CH_2CH=CCl_2$

解説　二重結合の両側の原子・原子団の異なるものを選ぶ。
ア；右側がCH_2で，同じH原子。
イ；右側が$C(CH_3)_2$で，同じCH_3である。
ウ；両側ともHとClで異なる。
エ；右側がCH_2で，同じH原子。
オ；左側がCH_3CH_2とH，右側がHとCH_3で異なる。
カ；右側がCCl_2で，同じCl原子。

答　ウ，オ

入試問題例　アルケンの構造式　センター試験

不飽和炭化水素に関する次の**a**～**c**の条件をすべて満たすものを，下の①～⑤のうちから選べ。原子量；H＝1.0，C＝12.0

a　分子を構成するすべての炭素原子が1つの平面上にある。
b　水素を付加すると，枝分かれした炭素鎖をもつ飽和炭化水素となる。
c　1.0 mol/Lの臭素の四塩化炭素溶液10 mLに，この炭化水素を加えていくと，0.56 gを加えたところで溶液の色が消失した。

①　$CH_3CH=CH_2$　　②　$CH_2=C(CH_3)_2$　　③　$CH_2=CHCH_2CH_3$
④　$CH_3CH=CHCH_3$　　⑤　$(CH_3)_2C=CHCH_3$

解説　**a**；C=C結合の炭素原子と，これに直結する原子が同一平面上にある(最重要9−1)ので，すべての炭素原子が同一平面上にあるものは，③以外。
b；水素を付加して枝分かれした炭素鎖となるのは，②と⑤。
c；1.0 mol/Lの溶液10 mL中のBr_2の物質量は，$1.0\times\frac{10}{1000}=0.010\,\text{mol}$
$C_nH_{2n}+Br_2 \longrightarrow C_nH_{2n}Br_2$より(最重要8−1)，アルケン1 molに$Br_2$ 1 molが付加する。
よって，このアルケンの分子量Mは，$\frac{0.56}{M}=0.010\,\text{mol}$　∴　$M=56$
②の分子量は56，⑤の分子量は70なので，②が正解。

答　②

4 アルキン

最重要 10 アルキンの一般式は C_nH_{2n-2} であること，とくにアセチレンの構造と単結合などとの比較にも着目する。

アルキンの出題の多くはアセチレン。

1 アルキンは 三重結合 を1つもつ鎖式炭化水素。

解説 ▶呼び方；同じ炭素数のアルカンの語尾を「イン(yne)」に変える。

▶C_2H_2；H−C≡C−H　エチンまたはアセチレン ←「アセチレン」が一般的。

C_3H_4；H−C≡C−CH_3　プロピンまたはメチルアセチレン

補足 アルキンの一般式は C_nH_{2n-2} であるが，二重結合が2つある鎖式炭化水素や二重結合が1つある環式炭化水素なども C_nH_{2n-2} である。

2 アセチレン分子は，直線形の構造。

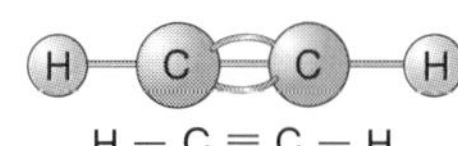

補足 炭素原子間の結合距離は次のようである。

単結合 > 二重結合 > 三重結合

最重要 11 アセチレン C_2H_2 の製法(実験室)では，試薬・反応式を確実に覚える。

炭化カルシウム CaC_2 (カーバイド)に水を加える。

解説 $CaC_2 + 2H_2O \longrightarrow CH{\equiv}CH\uparrow + Ca(OH)_2$

補足 ▶アセチレンは，無色・無臭の気体であり，**有機溶媒に溶けやすい。**

▶CH_4 や C_2H_4 に比べてCの割合が大きいため，**多量のすすを出して燃える。**

例題 アセチレン・エタン・エチレンの比較

アセチレン，エタン，エチレンについて，次の(1)，(2)の問いに答えよ。

(1) 分子中の原子が，同一平面上にないものはどれか。

(2) 炭素原子間の距離の大きい順を記せ。

解説 (1) アセチレンは直線構造，エチレンは平面構造で，ともに同一平面上にある。

(2) 炭素原子間の距離は，単結合>二重結合>三重結合。

答 (1) **エタン**　(2) **エタン > エチレン > アセチレン**

最重要 12

アセチレンの反応は，次の5つの付加反応とその生成物を確実におさえる。

1 水素やハロゲンの付加 ⇨ アルケンと同様に**付加反応**を起こしやすい。

解説 ▶ $CH{\equiv}CH \xrightarrow{H_2} CH_2{=}CH_2 \xrightarrow{H_2} CH_3{-}CH_3$
アセチレン　エチレン　エタン

▶ $CH{\equiv}CH \xrightarrow{Br_2} CHBr{=}CHBr \xrightarrow{Br_2} CHBr_2{-}CHBr_2$ ← 臭素水の色が消える。
1, 2−ジブロモエチレン　1, 1, 2, 2−テトラブロモエタン

2 水の付加 ⇨ ビニルアルコール(不安定)を経て**アセトアルデヒド**を生成。

解説 ▶ $CH{\equiv}CH + H_2O \xrightarrow{HgSO_4} [CH_2{=}CH(OH)] \longrightarrow CH_3CHO$
（$HgSO_4$ ← 触媒）
ビニルアルコール　アセトアルデヒド

▶ビニルアルコールとアセトアルデヒドは異性体。

$(H)_2C{=}C(OH)(H) \longrightarrow H_3C{-}C({=}O)H$

3 塩化水素の付加 ⇨ **塩化ビニル**を生成。

解説 $CH{\equiv}CH + HCl \longrightarrow CH_2{=}CHCl$
塩化ビニル

補足 塩化ビニルが付加重合すると，ポリ塩化ビニル(合成樹脂)となる(⇨ p.110)。

> $CH_2{=}CH{-}$
> ビニル基

4 酢酸の付加 ⇨ **酢酸ビニル**を生成。

解説 $CH{\equiv}CH + CH_3COOH \longrightarrow CH_2{=}CHOCOCH_3$
酢酸ビニル

補足 酢酸ビニルが付加重合すると，ポリ酢酸ビニル(合成樹脂)となる(⇨ p.110)。

5 3分子重合 ⇨ **ベンゼン**(⇨ p.54)が生成。

解説 $3CH{\equiv}CH \longrightarrow C_6H_6$
Fe触媒で，高温。
ベンゼン

例題　アセチレンの付加反応

次のアセチレンの反応のうち，生成物が誤っているものはどれか。

① $C_2H_2 + 2H_2 \longrightarrow C_2H_6$

② $CH{\equiv}CH + 2Cl_2 \longrightarrow CHCl_2{-}CHCl_2$

③ $CH{\equiv}CH + HBr \longrightarrow CH_2{=}CHBr$

④ $CH{\equiv}CH + H_2O \longrightarrow CH_2{=}CH(OH)$

⑤ $CH{\equiv}CH + CH_3COOH \longrightarrow CH_2{=}CH(OCOCH_3)$

解説 ① H_2と付加反応して，エチレンC_2H_4を経てエタンC_2H_6となる。

② 2分子のハロゲン単体が付加して，エタンのハロゲン四置換体となる。

③ ハロゲン化水素が付加して，ビニル化合物となる。

④ 水が付加して生成するビニルアルコール$CH_2{=}CH(OH)$は不安定で，ただちに安定なアセトアルデヒドCH_3CHOに変化する。←不安定であることが重要。

⑤ 酢酸を付加させると酢酸ビニルが生成する。

答 ④

入試問題例　アセチレン　　センター試験

アセチレンに関する記述として正しいものを，次の①～⑥のうちから選べ。

① 分子は正四面体構造をしている。

② 常温・常圧では，褐色・刺激臭の気体である。

③ 炭酸カルシウムに水を作用させてつくられる。

④ 水を付加させると，ホルムアルデヒドが生成する。

⑤ 水素を付加させると，エタンを経てエチレンが生成する。

⑥ 酢酸を付加させると，酢酸ビニルが生成する。

解説 最重要11や12のアセチレンの性質や反応に関する典型的な問題である。

① 分子は直線構造である（最重要10－**2**）。←メタンは正四面体構造。

② 常温・常圧では，無色・無臭の気体である。

③ 炭化カルシウム（カーバイド）に水を加えて発生させる。

④ 水を付加させると，アセトアルデヒドが生成する。

⑤ 水素を付加させると，エチレンを経てエタンが生成する。

⑥ 正しい。

答 ⑥

5 脂肪族炭化水素

最重要 13

脂肪族**炭化水素の一般式**から，その**同族体**，さらに**構造**を**推定**できるようにする。

1 C_nH_{2n+2} ⇨ **アルカン** ⇨ **鎖式・飽和**

補足 $C_nH_{2n+1}-X$ の $C_nH_{2n+1}-$ も鎖式・飽和の炭化水素基である。

2 C_nH_{2n} ⇨ { **アルケン** ⇨ **鎖式・二重結合 1 つ** / **シクロアルカン** ⇨ **環式・飽和** }

補足 ▶「臭素水の色が消えた」など，**付加反応する場合** ⇨ **アルケン**

▶**二重結合では，シス−トランス異性体の有無に着目する。**

A_1, A_2 $>C=C<$ B_1, B_2 において，A_1 と A_2，B_1 と B_2 が互いに異なる構造のとき，シス−トランス異性体が存在する。

3 C_nH_{2n-2} ⇨ **アルキン** ⇨ **鎖式・三重結合 1 つ**

または，**鎖式・二重結合 2 つ**，**環式・二重結合 1 つ**

最重要 14

炭化水素の名称(呼び方)と**構造**との関係に着目。

解説 **語尾**；飽和 ⇨ アン，二重結合 ⇨ エン，三重結合 ⇨ イン

Cの数；メタ，エタ，プロパ，…　**環**；シクロ

二重結合やアルキル基の位置；1-，2-

例 $\overset{1}{C}H_2=\overset{2}{C}(CH_3)-\overset{3}{C}H_3$

2-メチルプロペン

最重要 15

脂肪族炭化水素の**反応**は，**置換反応**か**付加反応**かに着目する。

1 置換反応 ⇨ アルカン ⇨ ハロゲン単体との置換反応。

解説 アルカンと塩素や臭素の混合気体に，**光を照射**。

⇨ $R{-}H + Cl_2 \xrightarrow{光} R{-}Cl + HCl$ （R；アルキル基）

2 付加反応 ⇨ アルケンまたはアルキン

解説 ▶ハロゲン単体，ハロゲン化水素，水などの付加反応。
▶エチレンやアセチレンから生成するビニル化合物は，付加重合する。

例題 炭化水素の名称と性質

臭素水を滴下したとき，臭素の赤褐色が消えるのは，次の化合物**ア**～**カ**のうち，どれか。すべて示せ。

ア シクロヘキセン　**イ** 2-メチルペンタン　**ウ** ブタン
エ プロピン　**オ** 2-ブテン　**カ** シクロヘキサン

解説 臭素と付加反応する物質で，不飽和結合をもつ化合物を選ぶ。したがって，語尾が「エン」の二重結合をもつもの；シクロヘキセン，2-ブテン。また，語尾が「イン」の三重結合をもつもの；プロピン。

答 **ア，エ，オ**

例題 炭化水素の反応

次の①～⑥の反応は，**ア**置換反応，**イ**付加反応のいずれか。

① メタン ⟶ ジクロロメタン　② エチレン ⟶ ジブロモエタン
③ アセチレン ⟶ アセトアルデヒド　④ エタン ⟶ クロロエタン
⑤ アセチレン ⟶ ベンゼン　⑥ エチレン ⟶ エタノール

解説 ① $CH_4 + Cl_2 \longrightarrow CH_3Cl + HCl$　$CH_3Cl + Cl_2 \longrightarrow CH_2Cl_2 + HCl$
よって，置換。
② $CH_2{=}CH_2 + Br_2 \longrightarrow CH_2Br{-}CH_2Br$ よって，付加。
③ $CH{\equiv}CH + H_2O \longrightarrow CH_3CHO$ よって，付加。 ← 不安定なビニルアルコールを経て，異性体のアセトアルデヒドに変わる。
④ $CH_3{-}CH_3 + Cl_2 \longrightarrow CH_3{-}CH_2Cl + HCl$ よって，置換。
⑤ $3CH{\equiv}CH \longrightarrow C_6H_6$ よって，付加。
⑥ $CH_2{=}CH_2 + H_2O \longrightarrow CH_3{-}CH_2OH$ よって，付加。

答 ① **ア**　② **イ**　③ **イ**　④ **ア**　⑤ **イ**　⑥ **イ**

入試問題例　脂肪族炭化水素の構造と一般式　北海道大改

有機化合物では4価の(　a　)をもつ炭素原子が他の原子と(　b　)で結合することにより，さまざまな分子が構成されている。炭素と水素のみからできている炭化水素のなかで，不飽和結合や環状の構造を含まない鎖状の飽和炭化水素は(　c　)と呼ばれ，一般式(　①　)で表される。また，分子の中に二重結合を1つもつ鎖状の不飽和炭化水素は(　d　)と呼ばれ，一般式(　②　)で表される。炭素原子の数が3個以上の場合，炭素原子どうしが環状に結合した飽和炭化水素も存在し，これを(　e　)と呼び，一般式(　③　)で表すことができる。また，分子中に三重結合を1つもち，一般式(　④　)で表される鎖状の不飽和炭化水素は(　f　)と呼ばれる。

これらの炭化水素分子の中の炭素－炭素原子間の結合距離は，結合の種類によって大きく異なる。一方，炭素－水素間の結合距離は分子の種類によらずほぼ一定である。

(1) 文中の**a**～**f**に最も適切な語句を下から選んで入れよ。

分子間力　原子価　同族体　イオン結合　共有結合　シクロアルカン
シクロアルケン　アルカン　アルケン　アルキン

(2) 文中の①～④にあてはまる一般式を下の**ア**～**カ**から選べ。(複数回選んでもよい。)

ア　C_nH_{2n-3}　**イ**　C_nH_{2n-2}　**ウ**　C_nH_{2n-1}　**エ**　C_nH_{2n}
オ　C_nH_{2n+1}　**カ**　C_nH_{2n+2}

(3) 下線部の記述について，次に示す化合物の**ア**～**ウ**をその炭素－炭素原子間の結合距離が長い順に並べよ。

ア　エチレン　**イ**　アセチレン　**ウ**　エタン

解説　(1) **a・b**；炭素は価電子が4個で，4価の原子価をもち，他の原子と共有結合で結合する。

c・d・e・f；鎖状・飽和はアルカン，鎖状・二重結合1つはアルケン，環状・飽和はシクロアルカン，鎖状・三重結合1つはアルキンである。

(2) アルケンとシクロアルカンの一般式は同じ(最重要13－2)。

(3) 炭素－炭素間の結合距離は，単結合＞二重結合＞三重結合(最重要10－2)。

答　(1) **a；原子価　b；共有結合　c；アルカン**
d；アルケン　e；シクロアルカン　f；アルキン

(2) ① **カ**　② **エ**　③ **エ**　④ **イ**

(3) **ウ＞ア＞イ**

入試問題例　脂肪族炭化水素の構造と性質　星薬大

脂肪族炭化水素に関する次の記述**ア**～**カ**のうち，誤りを含むものの組み合わせとして正しいものをあとの①～⑩から選べ。

ア 鎖状の飽和炭化水素をアルカンと総称し，分子内に二重結合を１つ含み，他はすべて単結合の鎖式炭化水素をアルキンと総称する。

イ アルカンは水に溶けないが，有機溶媒には溶けやすい。

ウ 三重結合をしている炭素原子２個と，これに結合する２個の原子は一直線上に存在する。

エ アセチレンに水銀塩を触媒として水を作用させると，アセトアルデヒドになる。

オ シクロアルカンの性質はアルカンと似ており，おもに付加反応が起こる。

カ エチレンからH原子１個がとれた形の基をビニル基という。

① **ア**と**ウ**　② **ア**と**オ**　③ **イ**と**オ**　④ **イ**のみ　⑤ **ウ**と**エ**
⑥ **ウ**と**オ**　⑦ **ウ**のみ　⑧ **エ**と**オ**　⑨ **オ**のみ　⑩ なし

解説 **ア**；アルキンは三重結合を１つもつ鎖状の炭化水素(最重要 13－3)。
イ；アルカンは水に溶けにくい(最重要 4－2)。
ウ；アセチレンは直線構造(最重要 10－2)。
エ；$CH{\equiv}CH + H_2O \longrightarrow CH_3CHO$ (アセトアルデヒド)(最重要 12－2)。
オ；シクロアルカンはアルカン同様飽和炭化水素で，付加反応は起こらない。
カ；エチレンは$CH_2{=}CH_2$，ビニル基は$CH_2{=}CH-$(最重要 12－3)。

答 ②

6 アルコールとエーテル

最重要 16

アルコールでは，まず，構造と次の化合物および呼び方をおさえる。

命名法

1 アルコールは，R－OHで表される。

解説 R；炭化水素基，－OH；ヒドロキシ基。

2 1価アルコール ⇨ CH_3OH；メタノール，C_2H_5OH；エタノール
2価アルコール ⇨ $C_2H_4(OH)_2$；エチレングリコール
3価アルコール ⇨ $C_3H_5(OH)_3$；グリセリン

解説 ▶**アルコールの価数**；1分子中のOHの数で，n価のアルコールは，1分子中にn個のOH基をもつ。

▶OH基などを**官能基**といい，CH_3OHや$C_2H_4(OH)_2$などを**示性式**という。

アルコールの呼び方

① 炭化水素名の語尾を「オール(ol)」に変える。

例 CH_3OH；メタノール　　C_2H_5OH；エタノール

② OH基の位置の違いによる異性体は，OH基の位置の炭素の番号を示す。

例 $CH_3-CH_2-CH_2-OH$；1-プロパノール

$CH_3-CH(OH)-CH_3$；2-プロパノール

$C_2H_4(OH)_2$；1, 2-エタンジオール，慣用名；エチレングリコール

$C_3H_5(OH)_3$；1, 2, 3-プロパントリオール，慣用名；グリセリン

（ジ：2個のOH，トリ：3個のOH）

慣用名で呼ぶことが多い。

OH基の性質では，次の2つを覚えておく。

← 問題を解くキーポイント。

1 OH基は，親水性である。⇨ 水または分子間で水素結合を形成。

解説 ▶ R−OHのR（炭化水素基）は疎水性である。⇨ Cの数が少ないアルコール（**低級アルコール**）は水によく溶けるが，Cの数が多くなる（**高級アルコール**）と水に溶けにくくなる。なお，**水溶液は中性**である。

▶ 分子間で水素結合を形成するため，分子量が同程度の炭化水素と比較して沸点が高い。

⇨ メタノール，エタノールは常温で液体。

2 Na（単体）を加えると H_2 を発生する。⇨ OH基の検出

← Naで気体が発生といえばOH基。

解説 $2R-OH + 2Na \longrightarrow 2R-ONa + H_2\uparrow$

例 $2C_2H_5OH + 2Na \longrightarrow 2C_2H_5ONa + H_2\uparrow$

エタノール　　　　ナトリウムエトキシド

アルコールの酸化は，次の3パターン。確実に覚えること。

← よく出題される。

（アルデヒド：銀鏡反応，フェーリング液の還元。）

アルコールの種類	酸化生成物
第一級アルコール	→ アルデヒド → カルボン酸
第二級アルコール	→ ケトン
第三級アルコール	酸化されにくい

解説 OH基が結合しているC原子に，他のC原子が，

1個結合 ⇨ 第一級アルコール，

2個結合 ⇨ 第二級アルコール，

3個結合 ⇨ 第三級アルコール

1 第一級アルコールの酸化

$$\underset{\text{第一級アルコール}}{R-CH_2OH} \xrightarrow{(O)^*} \underset{\text{アルデヒド}}{R-CHO} \xrightarrow{(O)} \underset{\text{カルボン酸}}{R-COOH}$$

＊(O)は酸化剤

例 $$\underset{\text{メタノール}}{CH_3OH} \xrightarrow{(O)} \underset{\text{ホルムアルデヒド}}{H-CHO} \xrightarrow{(O)} \underset{\text{ギ酸}}{H-COOH}$$

$$\underset{\text{エタノール}}{C_2H_5OH} \xrightarrow{(O)} \underset{\text{アセトアルデヒド}}{CH_3-CHO} \xrightarrow{(O)} \underset{\text{酢酸}}{CH_3-COOH}$$

補足 硫酸酸性の過マンガン酸カリウム水溶液や二クロム酸カリウム水溶液で酸化する。

2 第二級アルコールの酸化

$$\underset{\text{第二級アルコール}}{\begin{matrix}R\diagdown \\ \quad CHOH \\ R'\diagup\end{matrix}} \xrightarrow{(O)} \underset{\text{ケトン}}{\begin{matrix}R\diagdown \\ \quad C=O \\ R'\diagup\end{matrix}}$$

例 $$\underset{\text{2－プロパノール}}{CH_3-\underset{\underset{OH}{|}}{CH}-CH_3} \xrightarrow{(O)} \underset{\text{アセトン}}{CH_3-\underset{\underset{O}{\|}}{C}-CH_3}$$

補足 第一級アルコールも第二級アルコールも，酸化は $-\underset{\underset{OH}{|}}{CH}- \xrightarrow{(O)} -\underset{\underset{O}{\|}}{C}- + H_2O$

入試問題例 アルコールの酸化 芝浦工大

次のアルコールを酸化したとき，アルデヒドを生じるものをA群，ケトンを生じるものをB群，また，酸化されずに安定なものをC群に分類せよ。

ア $CH_3(CH_2)_4OH$ **イ** $(CH_3)_2CHOH$ **ウ** CH_3CH_2OH

エ $CH_3CH_2CH(CH_3)OH$ **オ** $(CH_3)_3COH$

解説 最重要18にしたがって，次のようになる。

ア；第一級アルコール **イ**；第二級アルコール **ウ**；第一級アルコール

エ；第二級アルコール **オ**；第三級アルコールで酸化されにくく，安定。

答 A群；**ア**，**ウ** B群；**イ**，**エ** C群；**オ**

C原子が4個以上のアルコールには鏡像異性体がある ⇨ 不斉炭素原子の存在。

1 不斉炭素原子；結合している4種の原子・原子団が互いに異なる炭素原子(右図のC*)。

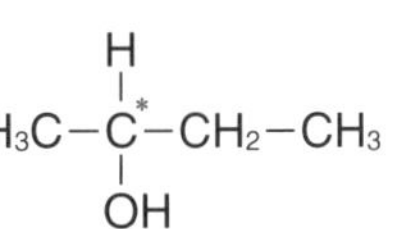

解説 2−ブタノール$CH_3CH(OH)CH_2CH_3$の構造(右図)

2 不斉炭素原子の存在する化合物には鏡像異性体が存在する。(光学異性体とも呼ばれる)。

補足 鏡像異性体は，沸点や融点などの物理的性質や化学的性質が同じであるが，偏光に対する性質や生理作用に違いがある。

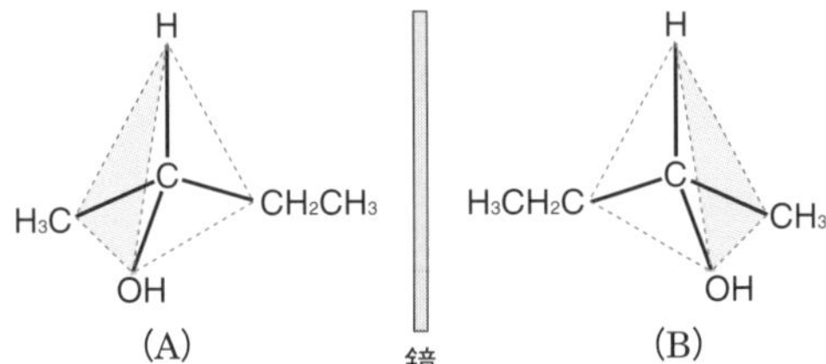

ヨードホルム反応では，次の2点をおさえる。

1 塩基性水溶液とヨウ素を加えて加熱 ⇨ 黄色沈殿を生じる。

特異なにおい。

解説 塩基性水溶液は$NaOH$またはNa_2CO_3。黄色沈殿はヨードホルムCHI_3。

2 ヨードホルム反応 ⇨ $CH_3CH(OH)-$ か $CH_3C(=O)-$ の構造をもつ。

補足 ▶CH_3CO-をアセチル基といい，$CH_3CH(OH)-$を酸化すると生成。(⇨ p.24, 30)
▶エタノールはヨードホルム反応を示すが，メタノールは示さない。

最重要 21

脱水反応；濃硫酸と加熱 ⇨ エタノールは温度，また，アルコールのOH基の位置にも着目。

1 エタノール；160～170℃ ⇨ エチレン／130～140℃ ⇨ ジエチルエーテル

解説 $C_2H_5OH \longrightarrow CH_2{=}CH_2 + H_2O$（1分子から脱水　エチレン）　$2C_2H_5OH \longrightarrow C_2H_5{-}O{-}C_2H_5 + H_2O$（2分子から脱水　ジエチルエーテル）

2 OH基の隣のH ⇨ H_2O となって脱水。

解説 $-\underset{H}{C}-\underset{OH}{C}-\underset{H}{C}- \xrightarrow{-H_2O} -C{=}C-\underset{H}{C}-$ または $-\underset{H}{C}-C{=}C-$（2種のアルケンが生成。）

入試問題例　アルコールの異性体と性質　東京工業大

分子式$C_5H_{12}O$で表されるアルコールの異性体に関する次の記述のうち，誤っているものはどれか。ただし，鏡像異性体は考慮しないものとする。

① 不斉炭素原子をもつアルコールは，3種類である。
② ヨードホルム反応を示すアルコールは，3種類である。
③ 脱水するとシス-トランス異性体を生じるアルコールは，2種類である。
④ 酸化すると銀鏡反応を示す化合物を生じるアルコールは，4種類である。
⑤ 硫酸酸性$KMnO_4$水溶液で酸化されにくいアルコールは，1種類である。
⑥ 上の①～⑤の記述のどれにもあてはまらないアルコールはない。

解説　H原子を省略した$C_5H_{12}O$の構造異性体は次のとおり（ア～クとおく）。

ア　C−C−C−C−C−OH
イ　C−C−C−C*(OH)−C
ウ　C−C−C(OH)−C−C
エ　C−C(C)−C−C−OH
オ　C−C−C*(C)−C−OH
カ　C−C(C)−C*(OH)−C
キ　C−C(C)(C)−C−OH
ク　C−C−C(C)(C)−OH

（C*は不斉炭素原子）

① 上の構造式より，不斉炭素原子をもつものは**イ**，**オ**，**カ**の3つ。
② $CH_3CH(OH)-$の構造をもつものなので，**イ**，**カ**の2つ。→誤り
③ **イ**と**ウ**は脱水すると$CH_3CH_2CH{=}CHCH_3$のシス-トランス異性体をもつアルケンを生じる。

④ 銀鏡反応を示す化合物はアルデヒド(⇨p.30)である。酸化してアルデヒドになるアルコールは，第一級アルコールの**ア**，**エ**，**オ**，**キ**の4つ。

⑤ 酸化されにくいアルコールは，第三級アルコールの**ク**。

答 ②

最重要 22 アルコールでは，**メタノール・エタノール**の**合成法**と**完全燃焼の反応式**が重要。

1 メタノールは**水素**と**一酸化炭素**からつくられる。

解説 $2H_2 + CO \longrightarrow CH_3OH$

補足 メタノールは無色の有毒な液体である。

2 エタノールは**アルコール発酵**または**エチレン**と**水**から生成。

解説 ▶単糖類のアルコール発酵(⇨p.79)によって生じる。

$C_6H_{12}O_6 \longrightarrow 2C_2H_5OH + 2CO_2$

▶工業的には，エチレンに水を付加させてつくる。

$CH_2{=}CH_2 + H_2O \longrightarrow CH_3CH_2OH$

3 完全燃焼してCO_2とH_2Oを生じる。

解説 ▶$2CH_3OH + 3O_2 \longrightarrow 2CO_2 + 4H_2O$

▶$C_2H_5OH + 3O_2 \longrightarrow 2CO_2 + 3H_2O$

最重要 23 **エタノールの反応経路**を確実に理解する。

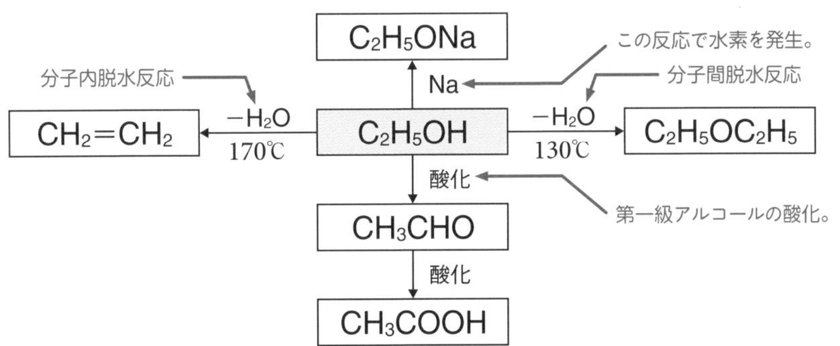

最重要 24 エーテルではジエチルエーテルが最重要。

1 **水に溶けにくい**が，**有機化合物をよく溶かす**。←― 代表的な有機溶媒。

解説 R−O−R′で，親水性の基がないため，水に溶けにくい。

2 **揮発性の液体**で，引火しやすい。**麻酔作用**がある。

補足 常温で，ジエチルエーテル $C_2H_5OC_2H_5$ は液体。ジメチルエーテル CH_3OCH_3 は気体。

最重要 25 分子式 $C_nH_{2n+2}O$ は，アルコール か エーテル かであること，また，これらの相違点を覚える。

1 $C_nH_{2n+2}O$；Naを加えて，H_2（気体）が
- **発生した** ⇨ アルコール
- **発生しない** ⇨ エーテル

2
- **水溶性**；低級アルコールは水に溶けやすく，エーテルは溶けにくい。
- **沸　点**；アルコールはエーテルに比べて沸点が高い。

解説 アルコールはOH基の性質（水素結合）により，水に溶け，沸点は高い。

例 C_2H_6O
- C_2H_5OH（エタノール）；液体
- CH_3OCH_3（ジメチルエーテル）；気体

入試問題例　$C_4H_{10}O$の構造式　岐阜大改

分子式$C_4H_{10}O$の化合物**A**，**B**，**C**がある。これらに金属ナトリウムを加えたところ，**A**と**B**は水素を発生したが，**C**は発生しなかった。

Aと**B**をおだやかに酸化したところ，**A**からは**D**，**B**からは**E**を生じ，**D**は銀鏡反応を示したが，**E**は示さなかった。また，**A**は濃硫酸を加えて加熱したところ，**F**が生じたが，**F**は臭素水を脱色し，**F**分子の4つの炭素原子は常に同一平面上にあることがわかった。なお，**C**はエタノールに濃硫酸を加えて加熱したとき生成する。

A，**B**，**C**の構造式(略式)を書け。

解説　分子式$C_nH_{2n+2}O$より，アルコールかエーテルであり，Naによって，**A**と**B**は水素を発生することからアルコール，**C**は発生しないことからエーテルである(最重要25－1)。また，**C**はエタノールと濃硫酸を加熱したとき生成することから，ジエチルエーテルである(最重要21－1)。

酸化によって，**A**から生じる**D**は銀鏡反応を示すことからアルデヒドで，**A**は第一級アルコールであり(最重要18)，ア $CH_3CH_2CH_2CH_2OH$，
イ $(CH_3)_2CHCH_2OH$のどちらかである。

Fはアルケンで，4つの炭素原子は常に同一平面上にあることから，次のようにイから生じた(最重要21－2)。$(CH_3)_2CHCH_2OH \longrightarrow (CH_3)_2C=CH_2 + H_2O$

Bから生じる**E**は銀鏡反応を示さないことからケトンで，**B**は第二級アルコールであり(最重要18)，$CH_3CH(OH)CH_2CH_3$である。

答　**A**；CH_3CHCH_2OH（2位の炭素にCH_3）

```
A；CH3CHCH2OH
       |
       CH3
```

B；$CH_3CHCH_2CH_3$（2位の炭素にOH）

```
B；CH3CHCH2CH3
       |
       OH
```

C；$CH_3CH_2OCH_2CH_3$

7 アルデヒドとケトン

最重要 26

アルデヒド・ケトンについて，アルコールからの生成，構造，特性を確実に理解する。

1
- **第一級アルコールの酸化 ⇨ アルデヒド**
- **第二級アルコールの酸化 ⇨ ケトン**

例
▶$CH_3OH + (O) \longrightarrow HCHO + H_2O$
　メタノール　　　ホルムアルデヒド

▶$C_2H_5OH + (O) \longrightarrow CH_3CHO + H_2O$
　エタノール　　　アセトアルデヒド

▶$CH_3-CH(OH)-CH_3 + (O) \longrightarrow CH_3-C(=O)-CH_3 + H_2O$
　2-プロパノール　　　アセトン

2
- **カルボニル基 $>C=O$ にHが結合 ⇨ アルデヒド** $R-C(=O)-H$
　ホルミル基(アルデヒド基) → $-C(=O)-H$
- **カルボニル基 $>C=O$ の両側に炭化水素基が結合 ⇨ ケトン** $R-C(=O)-R'$
　$>C=O$ ← カルボニル基

ホルミル基の特性

3 **アルデヒドは還元性 ⇨ 銀鏡反応，フェーリング液の還元。**
　アルデヒドの検出。

解説 ▶**アルデヒドの還元性** ⇨ $RCHO + (O) \longrightarrow RCOOH$
▶**銀鏡反応**：アンモニア性硝酸銀水溶液$[Ag(NH_3)_2]^+$から銀Agを析出。
▶**フェーリング液の還元**：Cu^{2+}の錯イオンを含むフェーリング液から**赤色の沈殿**Cu_2Oを生じる。

補足 ケトンは酸化されず，還元性を示さない。

例 題　アルコールの酸化とアルデヒド・ケトン

分子式C_3H_8Oで表される化合物**A**，**B**があり，ナトリウムを加えると，**A**も**B**も水素が発生した。また，**A**，**B**をおだやかに酸化すると，**A**からは**C**，**B**からは**D**が生成し，**C**は銀鏡反応を示したが，**D**は示さなかった。

A，**B**，**C**，**D**の構造式(略式)を記せ。

解説　分子式は$C_nH_{2n+2}O$で，Naを加えて水素を発生することから，**A**，**B**はアルコールである。**A**を酸化して生成した**C**は銀鏡反応を示すことから，**C**はアルデヒドであり，**A**は第一級アルコールである。また，**B**を酸化して生成した**D**は銀鏡反応を示さないことから，**D**はケトンであり，**B**は第二級アルコールである。よって，

$$CH_3CH_2CH_2OH(\mathbf{A}) + (O) \longrightarrow CH_3CH_2CHO(\mathbf{C}) + H_2O$$

$$CH_3CH(OH)CH_3(\mathbf{B}) + (O) \longrightarrow CH_3COCH_3(\mathbf{D}) + H_2O$$

答　**A**；$CH_3CH_2CH_2OH$

B；$CH_3CH(OH)CH_3$

C；CH_3CH_2CHO

D；CH_3COCH_3

アルデヒド・ケトンでは，ホルムアルデヒド，アセトアルデヒド，アセトンがポイント。

1　いずれも**水によく溶ける**。⇨ **いずれも水溶液は中性**。

補足　▶アセトアルデヒド，アセトンは液体で，ホルムアルデヒドだけ気体。

▶ホルムアルデヒドの約37％水溶液を**ホルマリン**という。

▶アセトンは有機化合物をよく溶かし，有機溶媒として用いられる。

2　アセトアルデヒドとアセトンは，**ヨードホルム反応**を示す。

補足　▶どちらもアセチル基CH_3CO-をもつ。

▶ヨードホルム反応は$CH_3CH(OH)-$の構造をもつアルコールでも見られる。

3　アセトンの製法は，**酢酸カルシウムの乾留**と**クメン法**もある。

p.60

解説　$(CH_3COO)_2Ca \longrightarrow CaCO_3 + CH_3COCH_3$

酢酸カルシウム　　　　　アセトン

入試問題例　アルデヒドとケトン　秋田大

アルデヒドおよびケトンに関する次の記述で正しいものを2つ選べ。

① アルデヒドは水に溶けて酸性を示す。

② アルデヒドをアンモニア性硝酸銀水溶液に加えると，銀イオンを還元して銀鏡反応を示す。

③ アルデヒドはフェーリング液を還元しない。

④ ケトンはアルデヒドより酸化されにくく，還元性を示さない。

⑤ すべてのケトンはヨードホルム反応を示す。

解説 ① アルデヒドは水に溶けるが，水溶液は中性である(最重要27－**1**)。

②・③ アルデヒドの特性は，銀鏡反応やフェーリング液の還元など還元性を示すことにある(最重要26－**3**)。←「銀鏡反応・フェーリング液の還元」といえばアルデヒド。

④ ケトンはアルデヒドのような還元性を示さない。

⑤ $CH_3CH_2COCH_2CH_3$のようなケトンは，CH_3CO-(アセチル基)をもたないので，ヨードホルム反応を示さない(最重要27－**2**)。

答 ②，④

最重要28　分子式が$C_nH_{2n}O$は，アルデヒド，ケトンまたは二重結合を1つもつアルコール・エーテル。

1 銀鏡反応・フェーリング液の還元 ⇨ アルデヒド

2 臭素水の色が消えた
- Naを加えて**水素を発生** ⇨ アルコール
- Naを加えて**変化なし** ⇨ エーテル

3 ヨードホルム反応 ⇨ ケトンとみてよい。

解説 ▶ケトンR−CO−R′のR，R′のどちらかがCH_3の場合がほとんどである。したがって，ヨードホルム反応を示すとケトンとみてよい。← アルデヒドでヨードホルム反応を示すのはアセトアルデヒドのみ。

▶構造式では環式も存在するが，出題されることはほとんどない。

入試問題例　化合物の識別　大阪大改

分子式C_3H_6Oの化合物について，次の問いに答えよ。

(1) この分子式を満たす構造式を4つ書け。ただし，構造式中に $>C=C<$（C に OH が結合）の構造は含まないものとする。

(2) (1)で考えた構造式であることを確認するためには，それぞれどのような操作を行えばよいか。次の①～⑤より1つずつ選べ。

① 金属ナトリウムを加えて水素が発生するが，臭素水を加えても臭素水の色が消えないことを確かめる。

② 臭素水を加えて臭素の赤褐色が消えるが，金属ナトリウムとは反応しないことを確かめる。

③ 臭素水を加えて臭素の赤褐色が消え，金属ナトリウムを加えて水素が発生することを確かめる。

④ ヨードホルム反応を示すことを確かめる。

⑤ フェーリング液を還元することを確かめる。

解説 (1) 分子式が$C_nH_{2n}O$であるから，**最重要28**よりアルデヒド，ケトン，炭素間二重結合を1つもつアルコールおよびエーテルの構造式を書く(**a**～**d**とおく)。

(2) **最重要28**のように，アルデヒドはフェーリング液の還元，ケトンはヨードホルム反応，炭素間二重結合は臭素水の脱色，OH基の有無はナトリウムによって水素が発生するかしないかにより，確認する。

答 (1) **a**；$CH_3-CH_2-C(=O)-H$　**b**；$CH_3-C(=O)-CH_3$　**c**；$CH_2=CH-CH_2-OH$

d；$CH_2=CH-O-CH_3$

(2) **a**；⑤　**b**；④　**c**；③　**d**；②

8 カルボン酸とエステル

最重要 29

カルボン酸では，次の 3つ がポイント。

1 カルボニル基 >C=O にOHが結合 ⇨ カルボン酸 R−C(=O)−OH

カルボキシシ基 → −C(=O)−OH

補足 **脂肪酸**：Rが鎖状の炭化水素基で，1個の−COOHからなるカルボン酸。

2 低級カルボン酸は 水に溶けやすい。

（低級カルボン酸 ← 常温で液体，高級カルボン酸は固体。）

解説 −COOHは親水性であり，低級(Cの数の少ない)カルボン酸は水に溶けやすいが，高級(Cの数の多い)カルボン酸は水に溶けにくい。

（← Rは疎水性。）

3 水溶液は 弱酸性 を示す。 ⇨ 塩基と中和反応する。

解説 水溶液中 ⇨ R−COOH ⇄ R−COO^- + H^+

（H^+ ← 酸性）

中和反応 ⇨ R−COOH + NaOH ⟶ R−COONa + H_2O

最重要 30

最もよく出るカルボン酸は**ギ酸**と**酢酸**。次の**生成過程**とその**特性**を確実に覚える。

1 アルコールやアルデヒドを酸化して得られる。

解説 ▶CH_3OH $\xrightarrow{(O)}$ H−CHO $\xrightarrow{(O)}$ H−COOH
メタノール　ホルムアルデヒド　ギ酸

▶C_2H_5OH $\xrightarrow{(O)}$ CH_3−CHO $\xrightarrow{(O)}$ CH_3−COOH
エタノール　アセトアルデヒド　酢酸

2 ギ酸 ⇨ 酸性 と 還元性 を示す。

解説 ギ酸HCOOHは，右図のように，**ホルミル基をもつため**，**還元性**を示し，銀鏡反応を示す。

「銀鏡反応を示し，かつ酸性」⇨ ギ酸。

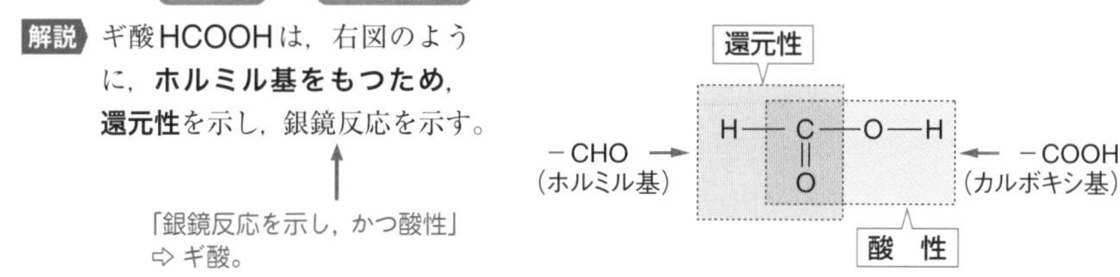

3 酢酸；純度の高いものは**冬季に凍る** ⇨ 氷酢酸
縮合により**水分子がとれて**，**無水酢酸**が生じる。

解説 ▶酢酸の凝固点は17℃で，純度の高いものは冬季に凍るので**氷酢酸**という。
▶酢酸を脱水剤と加熱すると，**無水酢酸**$(CH_3CO)_2O$となる。

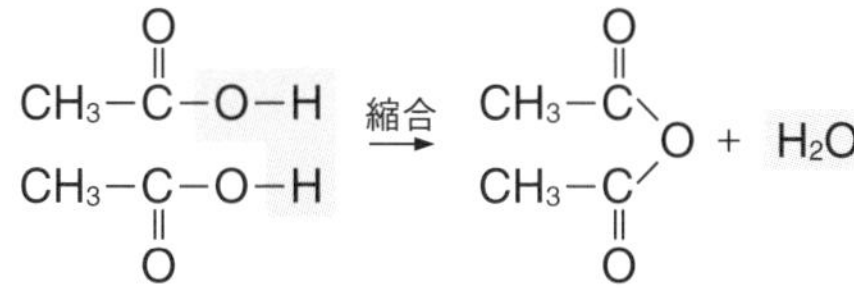

補足 カルボキシ基2個から水1分子がとれて縮合した化合物を**カルボン酸無水物(酸無水物)**という。

入試問題例　ギ酸の性質と構造　センター試験

ギ酸とホルムアルデヒドは，ともに銀鏡反応を示す。このことは，次のどのことから推定できるか。

① その構造式の中に，$>C=O$基をもっている。

② その構造式の中に，水素をもっている。

③ その構造式の中に，$-\underset{\displaystyle H}{\underset{|}{C}}=O$基をもっている。

④ その構造式の中に，$-\underset{\displaystyle OH}{\underset{|}{C}}=O$基をもっている。

⑤ その構造式の中に，$-OH$基をもっている。

解説 最重要30−**2**のようにギ酸分子HCOOHは，ホルミル基 $-\underset{\displaystyle O}{\underset{\|}{C}}-H$ $\left(-\underset{\displaystyle H}{\underset{|}{C}}=O\right)$ をもっているので，銀鏡反応を示す。

答 ③

次の3つのカルボン酸もよく出題される。その特性をおさえておくこと。

1 シュウ酸 $(COOH)_2$ ⇨ 還元性あり。← 銀鏡反応やフェーリング液の還元反応は示さない。

補足 ▶ 2個の−COOHをもつカルボン酸を**2価のカルボン酸**または**ジカルボン酸**といい，中和滴定で酸1molと塩基2molが反応することに着目。

▶シュウ酸は中和滴定の標準液や酸化還元反応の還元剤としても出題される。

2 分子式 $C_4H_4O_4$ ⇨ マレイン酸・フマル酸 とみてよい。

⇨ 加熱して $C_4H_2O_3$ となる ⇨ 無水マレイン酸

解説 ▶マレイン酸・フマル酸は，互いにシス-トランス異性体の関係。

マレイン酸

```
H         H
 \       /
  C = C          （シス形）
 /       \
HOOC      COOH
```

フマル酸

```
HOOC      H
 \       /
  C = C          （トランス形）
 /       \
H         COOH
```

▶マレイン酸は加熱すると，水分子が1個とれて無水マレイン酸となる。

```
H   COOH                        O
 \ /                            ‖
  C                       H－C－C
  ‖        脱水               ‖    \
  C        ──→                ‖     O   +  H2O
 / \       加熱           H－C－C  /
H   COOH                        ‖
                                O
```

3 乳酸 $CH_3CH(OH)COOH$ ⇨ 鏡像異性体(⇨p.25)が存在。

解説 乳酸はOH基をもつカルボン酸で，**ヒドロキシ酸**という。右図のように不斉炭素原子C^*をもち，鏡像異性体が存在する。

補足 乳酸は，糖類の発酵によって生じ，乳製品に含まれる。

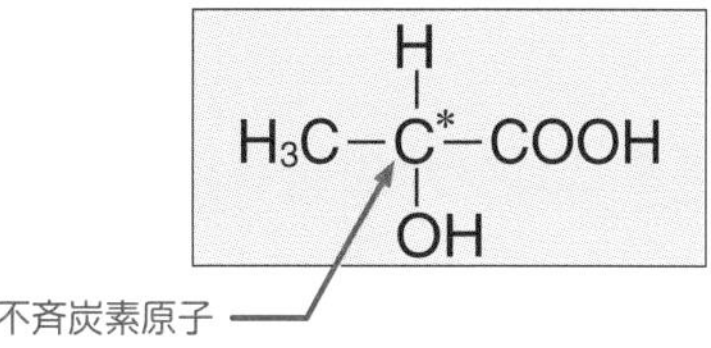

エステルの生成と構造について，次の 2 点を確実におさえる。

1 エステルの生成；カルボン酸とアルコールに濃硫酸を加えて加熱。⇨ エステル化という。

濃硫酸 ← 触媒

解説

酸	+	アルコール	$\underset{}{\overset{\text{エステル化}}{\rightleftarrows}}$	エステル	+	水
R−COOH	+	R′−OH	⇄	R−COOR′	+	H_2O

補足 ▶酸としては，硝酸，硫酸もエステルを生じるが，ほとんどはカルボン酸である。

▶エステル化のように，H_2Oのような小さな分子がとれて，2つの分子が結合する反応を**縮合**という。

2 エステルの構造 ⇨ R−C(=O)−O−R′

← エステル結合

解説 エステルのRとR′の間の−COO−の結合を**エステル結合**という。⇨「−COO−または−OCO−」とあれば，エステルとわかる。

エステルの性質では，次の 2 点がポイント。

1 エステル ⇨ 水に溶けにくく，芳香をもつ。

芳香をもつ ← 果実エッセンスに用いる。

解説 酸やアルコールは親水基をもつが，エステルは親水基をもたないので，水に溶けにくい。← エーテル・エステルは親水基がなく，水に難溶。

2 エステルをNaOHと加熱すると，塩とアルコールが生成。⇨ けん化といい，均一な水溶液となる。

解説 R−COOR′ + NaOH ⟶ R−COONa + R′−OH

塩基によるエステルの加水分解を**けん化**という。

補足 **エステルの加水分解**；R−COOR′ + H_2O ⇄ R−COOH + R′−OH

加水分解 ← 希硫酸などを用いる。

R−COOH ← 塩でなく酸である。

例題　カルボン酸・エステルの性質と構造式

次の文中の**A**～**C**に適するものを，下の**ア**～**キ**から選べ。

Aは，水によく溶けて中性を示し，また，銀鏡反応を呈しないが，**A**を酸化して得られる**B**は，その水溶液は青色リトマス紙を赤色に変化させ，また，銀鏡反応を呈する。**C**は水に溶けにくいが，水酸化ナトリウム水溶液と加熱すると，水溶液になり，その水溶液中に**A**が含まれる。

ア　HCHO　　イ　C_2H_5OH　　ウ　CH_3COOH　　エ　CH_3OH

オ　$CH_3COOC_2H_5$　　カ　CH_3COOCH_3　　キ　HCOOH

解説　**A**は中性であり，酸化されることから，カルボン酸でもケトンでもない(**最重要26－❸，29－❸**)，また，銀鏡反応を呈しないことからアルデヒドでない(**最重要26－❸**)。よって，アルコールである。

Bは，青色リトマス紙を赤色に変化させ，酸性を示すからカルボン酸であり，銀鏡反応を呈することからギ酸HCOOHである(**最重要30－❷**)。したがって，**A**はメタノールCH_3OHである(**最重要30－❶**)。

←酸性で銀鏡反応はギ酸。

$$\underset{(\mathrm{A})}{CH_3OH} \xrightarrow{(O)} (HCHO) \xrightarrow{(O)} \underset{(\mathrm{B})}{HCOOH}$$

Cは，水酸化ナトリウム水溶液と加熱すると水溶液になることから，この反応はけん化であり，**C**はエステルである(**最重要33－❷**)。その水溶液中に**A**のメタノールCH_3OHが含まれていることから，CH_3COOCH_3(酢酸メチル)である(**最重要33－❷**)。

$$\underset{(\mathrm{C})}{CH_3COOCH_3} + NaOH \longrightarrow CH_3COONa + \underset{(\mathrm{A})}{CH_3OH}$$

答　**A**；エ　**B**；キ　**C**；カ

分子式$C_nH_{2n}O_2$は，脂肪酸か脂肪酸エステルであることをおさえ，これらの違いを覚えておく。

$C_nH_{2n}O_2$
- **酸性 ⇨ 脂肪酸** ←── リトマス紙の赤変，塩基と中和反応など。
- **水に溶けにくい ⇨ 脂肪酸エステル** ←── けん化，加水分解など。

例　$C_3H_6O_2$
- **脂肪酸**；C_2H_5COOH（プロピオン酸）
- **脂肪酸エステル**；$HCOOC_2H_5$（ギ酸エチル），CH_3COOCH_3（酢酸メチル）

入試問題例　エステルの性質と構造式　東海大

次の文中の化合物**A**～**G**にあてはまる構造式を下の**ア**～**コ**から選べ。

$C_4H_8O_2$の分子式をもつエステルには，4種類の構造異性体が考えられる。このうちの2種類のエステル**A**，**B**を希酸で加水分解したところ，エステル**A**からはカルボン酸**C**とアルコール**D**が得られた。アルコール**D**を酸化するとカルボン酸**C**が生成した。また，エステル**B**を加水分解するとカルボン酸**E**とアルコール**F**が得られた。カルボン酸**E**はアンモニア性硝酸銀水溶液を還元して銀を析出した。アルコール**F**を酸化すると化合物**G**となった。化合物**G**はアンモニア性硝酸銀水溶液とは反応しなかった。

ア　CH_3CH_2-OH　イ　$CH_3CH_2CH_2-OH$　ウ　$CH_3CH(OH)CH_3$（CH_3CHCH_3 の中央のCに OH）　エ　$H-C(=O)-OH$

オ　$CH_3-C(=O)-OH$　カ　$H-C(=O)-O-CH(CH_3)-CH_3$　キ　$H-C(=O)-O-CH_2CH_2CH_3$

ク　$CH_3-C(=O)-O-CH_2CH_3$　ケ　$CH_3-C(=O)-H$　コ　$CH_3-C(=O)-CH_3$

解説　最重要18－**1**のように，アルコール**D**を酸化すると，カルボン酸**C**になることから，エステル**A**を構成する酸とアルコールのC原子の数が同じ。よって，これにあてはまるエステル**A**は，$CH_3COOCH_2CH_3$である。

$$CH_3COOCH_2CH_3(\mathbf{A}) + H_2O \longrightarrow CH_3COOH(\mathbf{C}) + CH_3CH_2OH(\mathbf{D})$$

$$CH_3CH_2OH(\mathbf{D}) \xrightarrow{(O)} CH_3CHO \xrightarrow{(O)} CH_3COOH(\mathbf{C})$$

カルボン酸**E**は銀鏡反応を示すからギ酸（最重要30－**2**）。よってエステル**B**の示性式は$HCOOC_3H_7$である。

$$HCOOC_3H_7(\mathbf{B}) + H_2O \longrightarrow HCOOH(\mathbf{E}) + C_3H_7OH(\mathbf{F})$$

アルコール**F**の酸化生成物**G**は銀鏡反応を示さないからケトンで，**F**は第二級アルコール（最重要18－**2**）。

$$CH_3CH(OH)CH_3(\mathbf{F}) \xrightarrow{(O)} CH_3COCH_3(\mathbf{G})$$

よって，エステル**B**は，$HCOOCH(CH_3)_2$である。

答　**A**；ク　**B**；カ　**C**；オ　**D**；ア　**E**；エ　**F**；ウ　**G**；コ

9 脂肪族化合物のまとめ

最重要 35

脂肪族化合物は次の**6種類**であり，**構造と特性**は確実に覚える。

分類	構造	特性
アルコール	R−O−H	水に，低級は溶けやすく，高級は溶けにくい。中性。Naと**反応してH_2を発生**。
エーテル	R−O−R′	水に溶けにくい。
アルデヒド	R−C(=O)−H	水に，低級は溶けやすく，高級は溶けにくい。中性。**還元性あり ⇨ 銀鏡反応，フェーリング液を還元**。
ケトン	R−C(=O)−R′	水に，低級は溶けやすく，高級は溶けにくい。中性。還元性なし。
カルボン酸	R−C(=O)−O−H	水に，低級は溶けやすく，高級は溶けにくい。**酸性**。
脂肪酸エステル	R−C(=O)−O−R′	水に溶けにくく，芳香をもつ。NaOH水溶液と加熱すると，けん化する。

R，R′；脂肪族炭化水素基

最重要 36

脂肪族化合物は次の 4 つの反応が重要！ 反応物から生成物を答えられるようにすること。

1 酸化；アルコールの酸化は 2 パターン。

解説 ▶ $R-CH_2OH \xrightarrow{(O)} R-CHO \xrightarrow{(O)} R-COOH$
第一級アルコール　アルデヒド　カルボン酸

例 $CH_3CH_2OH \xrightarrow{(O)} CH_3CHO \xrightarrow{(O)} CH_3COOH$
エタノール　アセトアルデヒド　酢酸

▶ $\begin{matrix}R\\R'\end{matrix}\rangle CHOH \xrightarrow{(O)} \begin{matrix}R\\R'\end{matrix}\rangle C=O$
第二級アルコール　ケトン

例 $CH_3-CH(OH)-CH_3 \xrightarrow{(O)} CH_3-CO-CH_3$
2−プロパノール　アセトン

▶第三級アルコールは酸化されにくい。

補足 **還元**；カルボン酸 ⟶ アルデヒド ⟶ 第一級アルコール
ケトン ⟶ 第二級アルコール

2 脱水反応；アルコールとカルボン酸の脱水が重要！

解説 ▶ $R-CH(OH)-CH_2-R' \longrightarrow R-CH=CH-R' + H_2O$
アルコール　アルケン

$2R-OH \longrightarrow R-O-R + H_2O$
アルコール　エーテル

例
- **160〜170℃** ⇨ $CH_3CH_2OH \longrightarrow CH_2=CH_2 + H_2O$
エタノール　エチレン
- **130〜140℃** ⇨ $2CH_3CH_2OH \longrightarrow CH_3CH_2OCH_2CH_3 + H_2O$
エタノール　ジエチルエーテル

▶**酸無水物の生成**；$2CH_3COOH \longrightarrow (CH_3CO)_2O + H_2O$
酢酸　無水酢酸

$C_2H_2(COOH)_2 \longrightarrow C_2H_2(CO)_2O + H_2O$
マレイン酸　無水マレイン酸

3 エステル化

解説 $R-COOH + R'-OH \rightleftarrows R-COOR' + H_2O$
カルボン酸　アルコール　エステル

例 $CH_3COOH + C_2H_5OH \rightleftarrows CH_3COOC_2H_5 + H_2O$
酢酸　エタノール　酢酸エチル

4 けん化

解説 $R-COOR' + NaOH \longrightarrow R-COONa + R'-OH$
エステル　強塩基　塩　アルコール

補足 **加水分解**；$R-COOR' + H_2O \rightleftarrows R-COOH + R'-OH$
エステル　カルボン酸　アルコール

入試問題例 脂肪族化合物とその反応 センター試験

次の(1)～(4)にあてはまる化合物を，下のア～コのうちから1つずつ選べ。

(1) 酸化するとアセトアルデヒドを生成するアルコール。

(2) 還元すると2-プロパノールを生成するケトン。

(3) アセチレンに水を付加すると生成するアルデヒド。

(4) けん化するとメタノールを生じるエステル。

ア CH_3OH　**イ** CH_3CH_2OH　**ウ** $CH_3CH_2CH_2OH$　**エ** $HCHO$

オ CH_3CHO　**カ** CH_3COCH_3　**キ** $CH_3COCH_2CH_3$

ク $CH_3COOCH_2CH_3$　**ケ** $HCOOCH_2CH_3$　**コ** $HCOOCH_3$

解説 (1) $CH_3CH_2OH + (O) \longrightarrow CH_3CHO$（アセトアルデヒド）$+ H_2O$（最重要36－**1**）

(2) $CH_3COCH_3 + 2(H) \longrightarrow CH_3CH(OH)CH_3$（2-プロパノール）（最重要36－**1**）

(3) $CH \equiv CH$（アセチレン）$+ H_2O \longrightarrow CH_3CHO$（最重要12－**2**）

(4) $HCOOCH_3 + NaOH \longrightarrow HCOONa + CH_3OH$（メタノール）（最重要33－**2**，36－**4**）

答 (1) イ　(2) カ　(3) オ　(4) コ

最重要 37

脂肪族化合物の**分子式**は，おもに次の**3種**である。分子式から，**同族体を推定**できるようにする。

1 $C_nH_{2n+2}O$ ⇨ **アルコール**，**エーテル** ← $C_4H_{10}O$の出題が最も多い。

（$C_nH_{2n+2}O$：この出題が多い。）

例 C_2H_6O ⇨ CH_3CH_2OH（エタノール），CH_3OCH_3（ジメチルエーテル）の2つがある。

2 $C_nH_{2n}O$ ⇨ **アルデヒド**，**ケトン**，**二重結合を1つもつアルコールかエーテル**

（二重結合をもつエーテルの出題は少ない。）

例 C_3H_6O ⇨ CH_3CH_2CHO（プロピオンアルデヒド），CH_3COCH_3（アセトン），$CH_2=CHCH_2OH$，$CH_2=CHOCH_3$ の4つがある。

（$CH_2=CHCH_2OH$：アリルアルコールというが，名称の出題はない。）

3 $C_nH_{2n}O_2$ ⇨ **脂肪酸**，**脂肪酸エステル**

（$C_nH_{2n}O_2$：この出題が多い。）

例 $C_3H_6O_2$ ⇨ CH_3CH_2COOH（プロピオン酸），$HCOOC_2H_5$（ギ酸エチル），CH_3COOCH_3（酢酸メチル）の3つがある。

（プロピオン酸：脂肪酸。ギ酸エチル，酢酸メチル：脂肪酸エステル）

最重要 38

次の**反応**から，**結合や官能基**がわかるようにする。

1 **臭素水の色が消えた** ⇨ **不飽和結合**（二重結合または三重結合）

解説 Br_2付加反応　例 $CH_2=CH_2 + Br_2 \longrightarrow CH_2Br-CH_2Br$

2 Naを加えると水素が発生 ⇨ −OH（ヒドロキシ基）

解説 $2R{-}OH + 2Na \longrightarrow 2R{-}ONa + H_2\uparrow$

3 銀鏡反応やフェーリング液の還元 ⇨ −CHO（ホルミル基）

解説 ▶アンモニア性硝酸銀水溶液から**銀が析出**；$[Ag(NH_3)_2]^+ \longrightarrow Ag$
▶フェーリング液と加熱すると**赤色沈殿Cu_2Oが析出**。

4 水溶液が酸性 ⇨ −COOH（カルボキシ基）

解説 有機化合物で水溶液が酸性といえば，−COOH。$-SO_3H$（スルホ基）も酸性を示すが，芳香族化合物や高分子化合物のスルホン酸（⇨ *p.55*）で，出題は限られている。

5 ヨードホルム反応 ⇨ $CH_3CH(OH)-$，CH_3CO-（アセチル基）

解説 ヨウ素I_2と水酸化ナトリウム水溶液を加えて加熱すると，**ヨードホルムCHI_3の黄色沈殿**を生じる。

特有のにおいをもつ。

入試問題例　脂肪族化合物の構造　北海道大

次の文を読んで，(1)〜(4)に答えよ。

〔例〕
```
CH3−C−CH2−CH3
    ‖
    O
```

分子式$C_7H_{14}O_2$の化合物**A**を希塩酸中で加熱すると，化合物**B**と分子式$C_3H_6O_2$の化合物**C**が得られた。化合物**C**は別の化合物**D**より以下の方法でも得られた。化合物**D**を注意深く酸化すると化合物**E**が生じ，さらに酸化すると化合物**F**となった。化合物**F**の1 molは触媒の存在下で水素1 molと反応し，化合物**C**が得られた。

(1) 化合物**B**として考えられるすべての構造異性体の構造式を例にならって記せ。また，それらのなかから不斉炭素原子をもつ異性体を選び，構造式を○で囲め。

(2) (1)で選んだ異性体を，他の異性体から化学反応により区別する方法を説明せよ。

(3) 化合物**C**の構造式を記せ。　　(4) 化合物**D**の構造式を記せ。

解説 化合物**A**の分子式$C_7H_{14}O_2$と化合物**C**の分子式$C_3H_6O_2$は，ともに$C_nH_{2n}O_2$で，最重要34，37－**3**より，**脂肪酸か脂肪酸エステル**であるが，**A**は希塩酸と加熱して**B**と**C**になることから，**A**はエステルであり，**C**は**加水分解生成物であるから脂肪酸**とわかることがポイント。また，**B**はエステルの**加水分解で生じたアルコール**である。

(1) $C_7H_{14}O_2$(**A**) + H_2O ⟶ $C_3H_6O_2$(**C**) + $C_4H_{10}O$(**B**)　よって，化合物**B**は分子式$C_4H_{10}O$のアルコールである(最重要37－**1**)。$C_4H_{10}O$は，エーテルもあるが，「化合物**B**として考えられる構造異性体」とあるから，アルコールの構造異性体を記せばよい。

不斉炭素原子C^*をもつ構造式は　$CH_3-\overset{*}{C}H(OH)-CH_2-CH_3$　である。

(2) 上記の構造式のように$CH_3-CH(OH)-$をもつから，**ヨードホルム反応**を示す(最重要20－**2**)。または，第二級アルコールであるから，酸化生成物は銀鏡反応を示さない性質もある。

(3) 化合物**C**は，上記に記したように脂肪酸であるから，CH_3CH_2COOHである。

(4) 化合物**D**を酸化すると化合物**E**，さらに化合物**F**になることから，**D**はアルコールであり，**F** 1 molに水素1 mol付加すると，**C**になることから，酸化および水素の付加による変化は次の通りである。

$$CH_2=CH-CH_2OH(\mathbf{D}) \longrightarrow CH_2=CH-CHO(\mathbf{E}) \longrightarrow CH_2=CH-COOH(\mathbf{F}) \longrightarrow CH_3CH_2COOH(\mathbf{C})$$

答 (1) $CH_3-CH_2-CH_2-CH_2-OH$　（○で囲んだもの）$CH_3-CH(OH)-CH_2-CH_3$

$CH_3-CH(CH_3)-CH_2-OH$　　$CH_3-C(CH_3)_2-OH$

(2) **ヨウ素と水酸化ナトリウム水溶液を加えて加熱すると，ヨードホルムを生じる。**

(3) CH_3-CH_2-COOH

(4) $CH_2=CH-CH_2-OH$

10 油脂

最重要39 油脂では，構造式と加水分解の反応式をおさえる。

← Rを用いる。

1 油脂は，高級脂肪酸とグリセリンの エステル である。

解説 ▶高級脂肪酸 RCOOH；Cの数の多い(分子量の大きい)脂肪酸。
▶グリセリン $C_3H_5(OH)_3$；3価のアルコール。
▶エステルであるから，水に溶けにくい。有機溶媒には溶ける。

2 油脂の加水分解 ⇨ 3分子の高級脂肪酸とグリセリンを生成。

$$
\begin{array}{l} R-COO-CH_2 \\ \qquad\qquad\ | \\ R'-COO-CH \\ \qquad\qquad\ | \\ R''-COO-CH_2 \\ \quad\text{油脂} \end{array} + 3H_2O \rightleftarrows \begin{array}{l} R-COOH \\ R'-COOH \\ R''-COOH \\ \text{高級脂肪酸} \end{array} + \underset{\text{グリセリン}}{C_3H_5(OH)_3}
$$

← エステル化の逆の反応

最重要40 油脂の成分の高級脂肪酸としては，次の3点が重要。

1 飽和脂肪酸は $C_nH_{2n+1}COOH$ で，$n=15$ と 17 の脂肪酸が重要。

例 $C_{15}H_{31}COOH$；パルミチン酸
$C_{17}H_{35}COOH$；ステアリン酸

2 不飽和脂肪酸は，$n=17$ の脂肪酸が出題される。

例 ▶$C_{17}H_{33}COOH$（オレイン酸）；二重結合1個
▶$C_{17}H_{31}COOH$（リノール酸）；二重結合2個
▶$C_{17}H_{29}COOH$（リノレン酸）；二重結合3個

3 二重結合 m 個の脂肪酸の示性式は，$C_nH_{2n+1-2m}COOH$。

最重要 41

油脂 1 分子には**エステル結合が 3 つ**あることが量的関係のポイント。

1 油脂 **1 mol** と NaOH や KOH **3 mol** が反応する。

$$
\begin{matrix}
R-COO-CH_2 & & & & R-COOK & & \\
\quad | & & & & & & \\
R'-COO-CH & + & 3KOH & \longrightarrow & R'-COOK & + & C_3H_5(OH)_3 \\
\quad | & & & & & & \\
R''-COO-CH_2 & & & & R''-COOK & &
\end{matrix}
$$

2 油脂と KOH (NaOH) の反応した質量から油脂の平均分子量が求まる。

（反応した ← けん化）

⇨ 油脂 w〔g〕と KOH m〔g〕が反応，油脂の平均分子量 M，KOH = 56

$$1\,\mathrm{mol} : 3\,\mathrm{mol} = \frac{w}{M} : \frac{m}{56} \qquad \therefore \quad M = \frac{3 \times 56 \times w}{m}$$

補足 **けん化価**：油脂 1 g をけん化するのに要する KOH の質量〔mg〕の数値。← 平均分子量の大小を示す。

⇨ けん化価を s とすると，$1 : 3 = \dfrac{1}{M} : \dfrac{s \times 10^{-3}}{56} \qquad \therefore \quad M = \dfrac{3 \times 56 \times 10^{3}}{s}$

例題　油脂と KOH の反応量と油脂の平均分子量

ある油脂 1 g をけん化するのに，水酸化カリウム 190 mg が必要であった（この油脂のけん化価は 190 である）。この油脂の平均分子量はどれだけか。KOH = 56

解説　油脂の平均分子量を M とすると，油脂 1 mol と KOH 3 mol が反応し，KOH = 56 より，

$$1 : 3 = \frac{1}{M} : \frac{190 \times 10^{-3}}{56} \qquad \therefore \quad M \fallingdotseq 884$$

答 **884**

最重要 42 二重結合を n 個 もつ油脂 1 mol にI_2, H_2が n mol 付加する。 ← 二重結合の数を求めるポイント。

1 二重結合 1 個に，I_2，H_2が 1 分子付加する。

解説 $-\overset{|}{C}=\overset{|}{C}- + I_2 \longrightarrow -\overset{|}{C}I-\overset{|}{C}I-$

$-\overset{|}{C}=\overset{|}{C}- + H_2 \longrightarrow -\overset{|}{C}H-\overset{|}{C}H-$

2 油脂の質量と付加するI_2，H_2の質量から，二重結合の数が求まる。

⇨ 平均分子量Mの油脂w〔g〕にI_2がm〔g〕付加，二重結合の数n個，$I_2=254$

$$\frac{w}{M}:\frac{m}{254}=1:n \qquad \therefore \quad n=\frac{mM}{254w}$$

補足 **ヨウ素価**；油脂100 gに付加するヨウ素の質量〔g〕の数値。 ← 二重結合の数を知る目安。

例題 油脂に付加するヨウ素の量と二重結合の数

平均分子量884の油脂100 gにヨウ素86.2 gが付加した(この油脂のヨウ素価は86.2である)。この油脂 1 分子中の二重結合の数はどれだけか。$I_2=254$

解説 求める二重結合の数をnとすると，

$$\frac{100}{884}:\frac{86.2}{254}=1:n \qquad \therefore \quad n \fallingdotseq 3$$

答 **3 個**

最重要 43 次の 2 つの物質の生成と性質を覚えておくこと。

1 硬化油；二重結合の多い液体の油脂に水素が付加し，硬化して固体となった油脂。 ← 植物性油脂の硬化油はマーガリンの原料。

補足 二重結合が多い油脂は融点が低く，二重結合の少ない油脂は融点が高い。

2 ニトログリセリン $C_3H_5(ONO_2)_3$；

硝酸とグリセリンから得られる**エステル**。爆薬である。

入試問題例　油脂のけん化と付加　早稲田大改

次の文を読んで，問いに答えよ。原子量；H＝1.0，O＝16，K＝39，I＝127

油脂は高級脂肪酸とグリセリンからできているエステルである。

① 不飽和油脂に触媒の存在下で水素を付加すると飽和油脂に変わるが，この操作を油脂の（　**a**　）という。たとえば，構成脂肪酸としてリノール酸$C_{18}H_{32}O_2$だけを含む油脂，すなわち，リノール酸のグリセリンエステルは1molあたり（　**b**　）molの水素の付加により（　**c**　）のグリセリンエステルになる。

② 構成脂肪酸として1種類の不飽和脂肪酸を含む油脂**Q**がある。10.0gの油脂**Q**をけん化するのに1.92gの水酸化カリウムを必要とした。また，油脂100gに付加するヨウ素の質量(g数)をヨウ素価というが，油脂**Q**のヨウ素価は260であった。

(1) **a**，**b**に適当な語句または数字を記入せよ。

(2) **c**に適当な語を次の**ア**～**エ**のなかから1つ選べ。

ア　オレイン酸　　**イ**　ステアリン酸　　**ウ**　パルミチン酸　　**エ**　リノレン酸

(3) 油脂**Q**の分子量を求めよ。

(4) 油脂**Q**を構成している脂肪酸の平均分子量を求めよ。

(5) 油脂**Q**100gに付加する水素の体積は0℃，1.013×10^5Pa(標準状態)で何Lか。整数で求めよ。

解説　(1) リノール酸$C_{18}H_{32}O_2$(＝$C_{17}H_{31}COOH$)は，二重結合を2個含む(**最重要40－2**)。油脂1分子は二重結合を2個×3＝6個含むので，油脂1molに付加するH_2は6mol(**最重要42－1**)。

(2) $C_{17}H_{31}COOH + 2H_2 \longrightarrow C_{17}H_{35}COOH$　よって，ステアリン酸からなる油脂。

(3) 油脂1molとKOH 3molが反応し，式量はKOH＝56より，油脂**Q**の分子量をMとすると，

$$1\,\mathrm{mol} : 3\,\mathrm{mol} = \frac{10.0}{M} : \frac{1.92}{56} \qquad \therefore\ M = 875$$　(**最重要41－2**)

(4) 油脂**Q**の分子式を$(RCOO)_3C_3H_5$とすると，$(RCOO)_3C_3H_5 = 875$，$C_3H_5 = 41$より，RCOOHの分子量は，$\dfrac{875-41}{3}+1=279$

(5) 油脂**Q**100gに付加するI_2は260g，$I_2=254$であり，付加するI_2とH_2の物質量は等しい(**最重要42**)から，$22.4\times\dfrac{260}{254}\fallingdotseq 23$L

答　(1) **a；硬化　b；6**

(2) **イ**

(3) **875**

(4) **279**

(5) **23L**

11 セッケンと合成洗剤

最重要 44 セッケンの製法では，次の 2 点をおさえておく。

1 **油脂**に**水酸化ナトリウム水溶液**を加えて**加熱**する。

解説

$$
\begin{array}{lcl}
R-COO-CH_2 & & R-COONa \\
\quad\quad\quad\quad | & & \\
R'-COO-CH + 3NaOH & \longrightarrow & R'-COONa + C_3H_5(OH)_3 \\
\quad\quad\quad\quad | & & \quad\quad\quad\quad\quad\quad\text{グリセリン} \\
R''-COO-CH_2 & & R''-COONa \\
\quad\text{油脂} & & \quad\text{セッケン}
\end{array}
$$

油脂1molと，水酸化ナトリウム3molが反応する。

2 **1**の溶液に，**飽和食塩水を加えてセッケンを遊離**させる。

解説 コロイド溶液(親水コロイド)に多量の電解質を加えてコロイドを遊離させる。

← 塩析

入試問題例 セッケンの製法 滋賀医大改

次の実験について，あとの問いに答えよ。

〔実験 1〕構成脂肪酸としてパルミチン酸$C_{15}H_{31}COOH$のみを含む油脂5gを蒸発皿に入れ，蒸留水20mLと水酸化ナトリウム5gを加えて，バーナーであたためる。

〔実験 2〕**a** 反応が終わったら，溶液を室温まで冷やしたのち，これを **b** 飽和食塩水50mLを入れたビーカー中に注ぐ。

(1)〔実験 1〕で起こる反応を，化学反応式で示せ。

(2) 下線部**a**について，反応液がどのように変わったとき，「反応が終わった」と考えるか。

(3) 下線部**b**で，飽和食塩水を用いるのはなぜか。

解説 (1) パルミチン酸のみからなる油脂より，$(C_{15}H_{31}COO)_3C_3H_5$で表す。油脂1molと，水酸化ナトリウム3molが反応する(最重要44－**1**)。

(2) 油脂は水溶液と混じらないがセッケンは混じることに着目する(最重要44，45)。

(3) セッケン水は親水コロイドである(最重要44－**2**)。

答 (1) $(C_{15}H_{31}COO)_3C_3H_5 + 3NaOH \longrightarrow 3C_{15}H_{31}COONa + C_3H_5(OH)_3$

(2) **油状の物質がなくなり，均一な水溶液になったとき。**

(3) **親水コロイドであるセッケン水から，塩析によってセッケンを遊離させるため。**

← 多量の電解質を加える。

洗浄作用は，セッケンの構造との関連で覚える。

1 セッケンは，疎水性の基と親水性の基からなる。

⇨ **界面活性剤**

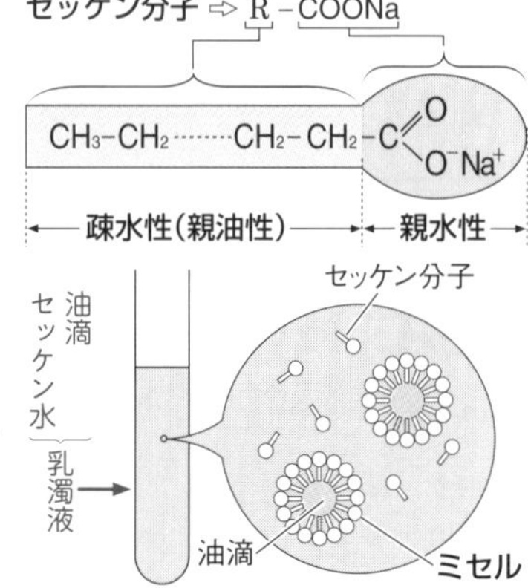

解説 炭化水素基Rは疎水性(親油性)，$-COO^-Na^+$は親水性で，水面では親水基側を水中側にして並び，**水の表面張力を小さくする。**

2 セッケン水は油滴をミセルとして水に混じらせる。⇨ **乳化作用**

解説 ▶セッケンは，Rを油滴側に，$-COO^-Na^+$を水側にして油を取り囲み，水中に分散させ，**乳濁液**とする。

▶セッケンのミセルは，$-COO^-$に囲まれて負に帯電している。

入試問題例 セッケンの洗浄作用　芝浦工大

次の記述①～④に誤ったものがある。それを示すものは**A**～**E**のうちのどれか。

① ふつう，セッケンは高級脂肪酸のナトリウム塩であり，疎水性のアルキル基と親水性のカルボキシ基の部分からできている。

② セッケンを水に溶かすと，セッケンの脂肪酸イオンは親水性部分を内側に，疎水性部分を外側にしてコロイド粒子をつくる。

③ セッケン水の表面では，セッケンの親水性部分は水中に，疎水性部分は空中に向いて並び，水の表面張力を著しく小さくする。

④ セッケンのミセルは，正の電荷を帯びたコロイド粒子である。

A ①のみ　**B** ②のみ　**C** ②と③　**D** ②と④　**E** ③と④

解説 ① 一般に，高級脂肪酸のナトリウム塩をセッケンといい，疎水性のアルキル基Rと親水性の$-COO^-Na^+$からなる(最重要45－1)。

② 水中では，セッケン分子の親水性部分を水側(外側)に，疎水性部分のRを内側にしてコロイド粒子をつくる(最重要45－2)。

③ 水面では，セッケン分子の親水性部分を水側(水中)に，疎水性部分のRを空中に向けて並び，水の表面張力を小さくする。

④ 親水性の$-COO^-$の部分がミセルの表面に並ぶので，負の電荷を帯びる。

答 **D**

セッケンと合成洗剤の性質の違いがポイント。

	セッケン	合成洗剤
化学式	R−COONa	R−OSO_3Na, R−SO_3Na
水溶液	**塩基性** ← 絹・羊毛に不適。	ほぼ **中性** ← 絹・羊毛に適する。
硬水	**沈殿する** ← 硬水に不適。	**沈殿しない** ← 硬水に適する。

解説 ▶どちらも親油基Rと親水部分($-COO^-Na^+$, $-SO_3^-Na^+$)をもち，界面活性剤。

▶合成洗剤はR−O−SO_3Na，またはR−⬡−SO_3Na

硫酸アルキルナトリウム（高級アルコールから合成。）　アルキルベンゼンスルホン酸ナトリウム（アルキルベンゼンから合成。）

▶セッケンは弱酸(RCOOH)と強塩基(NaOH)からなる塩で，加水分解して塩基性を示す。　合成洗剤は強酸と強塩基からなり，加水分解しない。

▶セッケンの水溶液に，塩酸のような強酸を加えると，高級脂肪酸が遊離して白濁する。⇨ RCOONa + HCl ⟶ NaCl + RCOOH　← 水に溶けにくい。

▶セッケンは硬水中のCa^{2+}，Mg^{2+}と反応して$(RCOO)_2Ca$，$(RCOO)_2Mg$の沈殿となり，洗浄力を低下させる。⇨ $2RCOONa + Ca^{2+} \longrightarrow (RCOO)_2Ca\downarrow + 2Na^+$

入試問題例　セッケンと合成洗剤　自治医大

代表的な合成洗剤である硫酸ドデシルナトリウムが，セッケンと共通する点はどこか。下の①～⑤より選べ。

A　水溶液が塩基性を示す。　**B**　硬水中で沈殿をつくる。

C　脂肪酸を構成成分に含む。　**D**　ミセルを形成する。

E　疎水性部分は長鎖アルキル基である。

①　**A**と**B**　②　**A**と**E**　③　**B**と**C**　④　**C**と**D**　⑤　**D**と**E**

解説　硫酸ドデシルナトリウムは$C_{12}H_{25}OSO_3Na$で示されるスルホ基$-SO_3H$をもつエステルとNaOHからなる塩である。← 上記の硫酸アルキルナトリウム。

A；セッケンの水溶液は塩基性を示すが，合成洗剤はほぼ中性である(最重要46)。**B**；セッケンは硬水中のCa^{2+}，Mg^{2+}により沈殿を生じるが，合成洗剤は沈殿を生じない(最重要46)。**C**；セッケンの構成成分は脂肪酸であるが，合成洗剤はアルコールなどである(最重要46)。**D**；どちらも親油基(疎水基)と親水部分をもち，ミセルをつくる(最重要45−**2**)。**E**；疎水性部分は，セッケンは$C_{17}H_{35}$，合成洗剤は$C_{12}H_{25}$などの長鎖アルキル基である。

答　⑤

12 芳香族炭化水素

最重要 47 **ベンゼン**分子の構造は **正六角形** ⬡ であることから，次の **2 点**に着目する。

1 炭素原子間の距離が等しい ⇨ **単結合と二重結合の中間**。

解説 単結合・二重結合を交互に書くが，これらの中間の距離で互いに等しい。

2 ベンゼン分子のすべての原子は，同一平面上にある。

補足 分子を構成するすべての原子が，同一平面上にあるのは，

ベンゼン，ナフタレン，エチレン，アセチレン（直線形）である。

例題 ベンゼンと脂肪族炭化水素の構造

エタン，エチレン，アセチレン，ベンゼンについて，次の(1)，(2)に答えよ。

(1) 分子を構成するすべての原子が同一平面上にないものはどれか。

(2) 炭素原子間の結合距離を大きい順に示せ。

解説 最重要9－**1**，10－**2**，47より，次のようにわかる。

(1) エタン分子は，正四面体構造が2つ結合した構造で，水素は同一平面上にない。

(2) 結合距離の大きい順は，単結合＞ベンゼンの炭素間＞二重結合＞三重結合

答 (1) **エタン**

(2) **エタン＞ベンゼン＞エチレン＞アセチレン**

最重要 48 ベンゼンは，**3つの置換反応**を覚える。

1 置換反応のほうが付加反応より起こりやすい。

解説 ベンゼン環は，単結合と二重結合で表すが，脂肪族の二重結合と違って，付加反応より置換反応が起こりやすい。

2 3つの置換反応 ⇨ ベンゼンの置換反応は，次の3つ以外は出題されない。

① ハロゲン化 ⇨ 鉄を触媒としてハロゲンを作用させる。

$$C_6H_6 + Cl_2 \xrightarrow{Fe} C_6H_5Cl + HCl$$

クロロベンゼン

臭素を作用させても置換反応する。（Cl_2 について）

② ニトロ化 ⇨ 濃硝酸と濃硫酸を作用させる。

混酸ともいう。

$$C_6H_6 + HNO_3 \xrightarrow{H_2SO_4} C_6H_5NO_2 + H_2O$$

ニトロベンゼン ← 特有のにおいをもつ無色～淡黄色の液体

補足 トルエンを濃硝酸と濃硫酸とで加熱すると，次のようにニトロ化される。

トルエン（$C_6H_5CH_3$） —ニトロ化→ o-ニトロトルエン，p-ニトロトルエン —ニトロ化（高温）→ 2,4,6-トリニトロトルエン（爆薬）

③ スルホン化 ⇨ 濃硫酸を作用させる。

$$C_6H_6 + H_2SO_4 \longrightarrow C_6H_5SO_3H + H_2O$$

ベンゼンスルホン酸

最重要 49

ベンゼンと**塩素**の反応では，**触媒**か**光(紫外線)**かに着目せよ。

← ベンゼンは付加反応も起こる。

1 鉄を**触媒**とする ⇨ **置換反応**(⇨ p.55) ← 塩素が置換反応。

2 光(紫外線)を当てる ⇨ **付加反応** ← 塩素が付加反応。

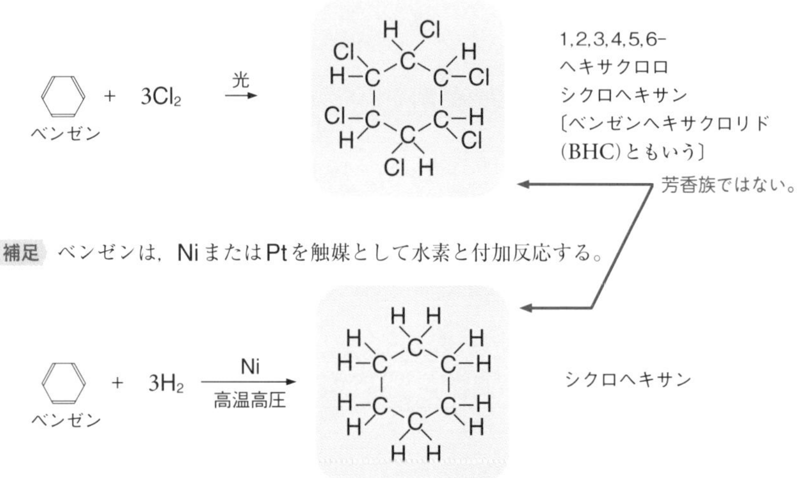

入試問題例 **ベンゼンの反応** センター試験

次の①～⑤の反応のうち，主として起こる反応が置換反応でないものを1つ選べ。

① メタンと塩素を混合し，日光や紫外線を当てて反応させる。
② メタノールを金属ナトリウムと反応させる。
③ ベンゼンに塩素を通じながら，日光や紫外線を当てて反応させる。
④ ベンゼンを，濃硝酸と濃硫酸の混合物と反応させる。
⑤ ベンゼンと塩素を，鉄を触媒として反応させる。

解説 ① $CH_4 + Cl_2 \longrightarrow CH_3Cl + HCl$，$CH_3Cl + Cl_2 \longrightarrow CH_2Cl_2 + HCl$ よって置換反応(最重要5－**2**)。（さらに $CHCl_3$，CCl_4）

② $2CH_3OH + 2Na \longrightarrow 2CH_3ONa + H_2\uparrow$ よって置換反応(最重要17－**2**)。

③ $C_6H_6 + 3Cl_2 \longrightarrow C_6H_6Cl_6$ よって付加反応(最重要49－**2**)。

④ $C_6H_6 + HNO_3 \longrightarrow C_6H_5NO_2 + H_2O$ よって置換反応(最重要48－**2**)。

⑤ $C_6H_6 + Cl_2 \longrightarrow C_6H_5Cl + HCl$ よって置換反応(最重要48－**2**)。

答 ③

最重要 50

ベンゼンの**二置換体**には，**3 種の異性体**がある。

異性体は *o*– (オルト)，*m*– (メタ)，*p*– (パラ)の 3 種類。

例 **キシレン $C_6H_4(CH_3)_2$ の異性体**

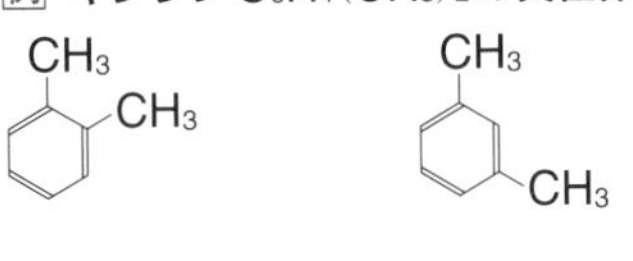

o–キシレン　*m*–キシレン

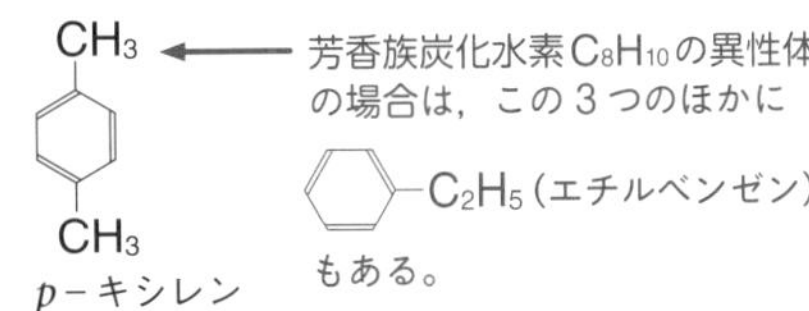

p–キシレン

入試問題例　ベンゼンの構造・反応・二置換体　センター試験

ベンゼンに関する次の記述①～④のうち，誤りを含むものを 1 つ選べ。

① 炭素原子間の結合距離はすべて等しい。

② 置換反応より付加反応を起こしやすい。

③ 分子は平面構造をもつ。

④ 二置換体には，オルト，メタ，パラの 3 種の異性体をもつ。

解説 ①・③ ベンゼンは，正六角形で，炭素原子間の結合距離はすべて等しく，また，分子を構成する原子はすべて同一平面上にある(**最重要 47**)。

② ベンゼンの炭素原子間の結合は，脂肪族の二重結合より安定で，付加反応より置換反応のほうが起こりやすい(**最重要 48**)。

④ ベンゼンの二置換体には，3 種の異性体がある(**最重要 50**)。

答 ②

最重要 51

芳香族の**側鎖を酸化**すると $-COOH$ となる。

1 CH_3-もC_2H_5-も**酸化すると** $-COOH$ となる。

トルエン（$C_6H_5CH_3$），エチルベンゼン（$C_6H_5CH_2-CH_3$） —(O) 酸化→ 安息香酸（C_6H_5COOH）

補足 C_2H_5-の酸化では，$-COOH$とCO_2が生成する。

2 「**強く酸化**」⇨ **側鎖の酸化**とみてよい。

補足 ▶アルコールからアルデヒドやケトンへの酸化などは「おだやかに酸化」という。
▶トルエンをおだやかな条件下で酸化すると，ベンズアルデヒドを生じる。ベンズアルデヒドを酸化すると安息香酸が得られる。

トルエン（$C_6H_5CH_3$） —酸化→ ベンズアルデヒド（C_6H_5CHO） —酸化→ 安息香酸（C_6H_5COOH）

入試問題例 トルエンの構造・性質　センター試験

トルエンについての次の記述のなかで，下線部に誤りを含むものはどれか。①～⑦のうちから2つ選べ。

トルエンは① $C_6H_5CH_3$で表される炭化水素で，② 芳香族化合物の1つである。トルエンを構成している③ 7個の炭素原子はすべて同一平面内にある。ベンゼン環を構成する炭素原子間の結合は，④ エチレンにおける炭素原子間の結合より短い。トルエンは室温では水に不溶性の無色の液体で，⑤ 空気中で燃やすと多量のすすを出す。トルエンを過マンガン酸カリウムの酸性水溶液で酸化すると⑥ フェノールが得られる。トルエンを濃硝酸と濃硫酸の混合物と反応させると，比較的温和な条件下では，オルト($o-$)およびパラ($p-$)⑦ ニトロトルエンが生成する。さらに高温で反応させると，爆薬として用いられる2，4，6-トリニトロトルエンを生じる。

解説 ①・② トルエンは，$C_6H_5CH_3$で表される芳香族炭化水素である。

③ トルエンはベンゼンの1つのH原子とメチル基が置換した構造であるから，7つの炭素原子は，すべて同一平面内にある。

④ ベンゼン環の炭素原子間の距離は，単結合と二重結合の中間である。（← エチレンの炭素原子間よりも長い。）

⑤ C_7H_8で炭素の割合が大きいから，多量のすすを出す。← 芳香族炭化水素に共通。

⑥ 酸化すると，$C_6H_5CH_3 \longrightarrow C_6H_5COOH$（安息香酸）（最重要51－1）。

⑦ ニトロ化されて，$C_6H_5CH_3 \longrightarrow C_6H_4(NO_2)CH_3$（ニトロトルエン）
$\longrightarrow C_6H_2(NO_2)_3CH_3$（2，4，6-トリニトロトルエン）（最重要48－2）。

答 ④，⑥

13 フェノール類

最重要 52 フェノール類については，次の4点をおさえる。

アルコールとの違いと共通点にも着目。

1 フェノール類 ⇨ ベンゼン環にOH基が直接結合

例 (o−クレゾール) はフェノール類

側鎖にOH基の結合はアルコール。

C_6H_5−CH_2OH はアルコール（ベンジルアルコール）

2 フェノール類は酸性物質 ⇨ 水に溶けにくいが，塩基と中和して塩となって水溶性となる ⇨ 低級アルコールは水に溶けやすく，中性。

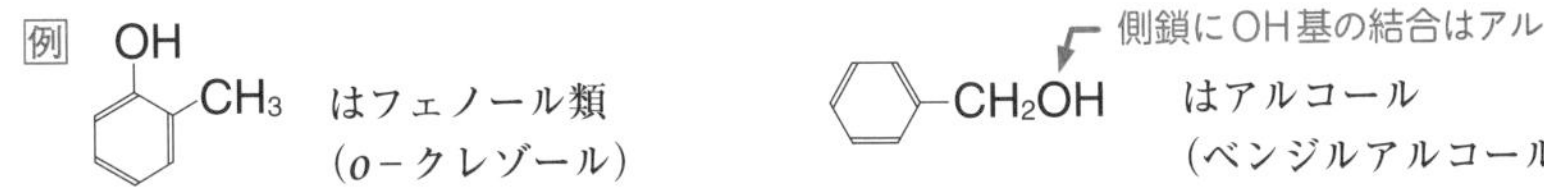

例 C_6H_5−OH ＋ NaOH ⟶ C_6H_5−O^-Na^+ ＋ H_2O

ナトリウムフェノキシド

補足 炭酸水（炭酸 H_2CO_3）より弱い酸である。

鉄（Ⅲ）イオン Fe^{3+} とフェノール類が反応

3 塩化鉄（Ⅲ）水溶液で青紫〜赤紫色に呈色 ⇨ フェノール類の検出

4 Naと反応して H_2 を発生する。⇨ アルコールと共通の性質

例題 C_7H_8O の芳香族化合物

分子式 C_7H_8O の芳香族化合物のうち，次の①〜③に該当する構造式をすべて書け。

① Naを加えると水素を発生し，塩化鉄（Ⅲ）水溶液によって呈色する。
② Naを加えると水素を発生し，塩化鉄（Ⅲ）水溶液によって呈色しない。
③ Naを加えても水素を発生しない。

解説 ①・② Naを加えると水素を発生することから，OH基をもつ。①は塩化鉄（Ⅲ）水溶液により呈色するからフェノール類，②は呈色しないからアルコールである。
③ Naを加えても水素を発生しないことからOH基をもたない。よってエーテルである。

アルコールとエーテルは異性体の関係にあることに着目。

答 ①

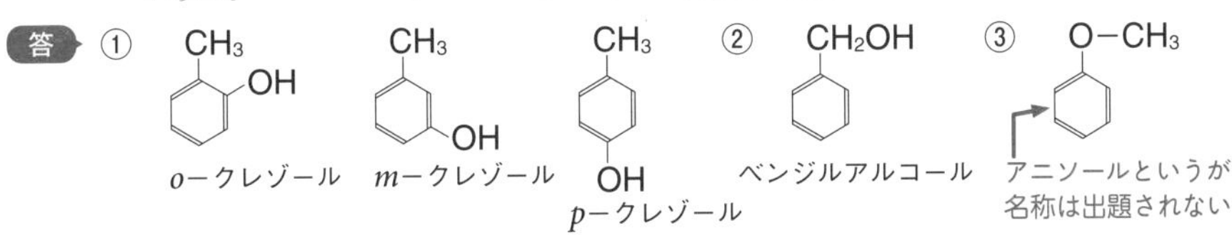

o−クレゾール　m−クレゾール　p−クレゾール　ベンジルアルコール　アニソールというが，名称は出題されない。

最重要 53

フェノールの製法は，次の 2 つがポイント。

1 アルカリ融解法；ベンゼン ⇨ ベンゼンスルホン酸 ⇨ ナトリウムフェノキシド ⇨ フェノール

ベンゼン —(H_2SO_4 スルホン化)→ ベンゼンスルホン酸（$C_6H_5SO_3H$）—(NaOH アルカリ融解)→ ナトリウムフェノキシド（C_6H_5ONa）—(CO_2(＋水) または 酸(H^+))→ フェノール（C_6H_5OH）

補足 ベンゼンに鉄を触媒としてクロロベンゼンC_6H_5Clとし，加圧下でNaOH水溶液を作用してナトリウムフェノキシドとする方法もある。

2 クメン法；ベンゼン ⇨ クメン ⇨ フェノール ＋ アセトン

ベンゼン ＋ プロペン（$CH_3-CH=CH_2$）—(触媒)→ クメン（$C_6H_5-CH(CH_3)_2$）(沸点152℃) —(O_2)→ クメンヒドロペルオキシド（$C_6H_5-C(CH_3)_2-OOH$）—(酸(H^+))→ フェノール（C_6H_5OH）＋ アセトン（$(H_3C)_2C=O$）

入試問題例　フェノールの製法　センター試験改

フェノールは，ベンゼンから次の図に示す 2 つの方法でつくられる。図中の空欄**A**，**B**にあてはまる化合物を下の①～④のうちから 1 つずつ選べ。

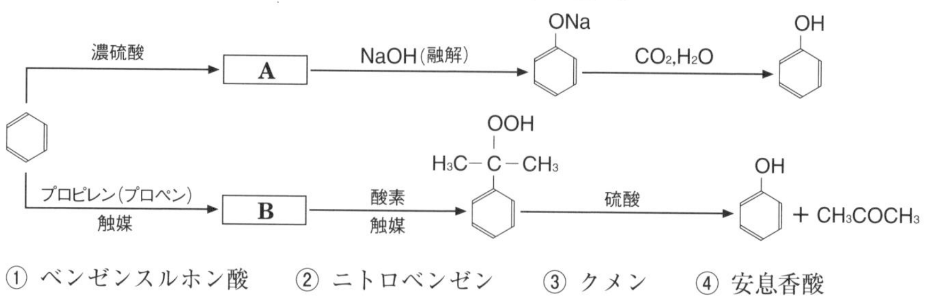

① ベンゼンスルホン酸　② ニトロベンゼン　③ クメン　④ 安息香酸

解説 **A**は，ベンゼンと濃硫酸の反応であり，ベンゼンスルホン酸$C_6H_5SO_3H$である。

$$C_6H_6 + H_2SO_4 \longrightarrow C_6H_5SO_3H + H_2O$$ ← スルホン化

Bは，ベンゼンとプロピレンの反応であり，クメン$C_6H_5CH(CH_3)_2$である。

$$C_6H_6 + CH_3CH{=}CH_2 \longrightarrow C_6H_5CH(CH_3)_2$$

答 **A**；①　**B**；③

最重要 54 フェノールの反応では，次の3つをおさえておく。

1 フェノール＋臭素水 ⇨ 2, 4, 6－トリブロモフェノール(白色沈殿) ← 臭素化

$$C_6H_5OH + 3Br_2 \longrightarrow C_6H_2Br_3OH + 3HBr$$

フェノール　　2,4,6－トリブロモフェノール

（2,4,6－トリブロモフェノール：フェノールの検出に用いられる。）

（*o*-，*p*-の位置で置換反応が起こりやすい。）

2 フェノール＋無水酢酸 ⇨ 酢酸フェニル ← アセチル化

$$C_6H_5OH + (CH_3CO)_2O \longrightarrow C_6H_5OCOCH_3 + CH_3COOH$$

（$C_6H_5OCOCH_3$：酢酸フェニル）

3 フェノール＋濃硝酸・濃硫酸 ⇨ ピクリン酸 ← ニトロ化

$C_6H_5OH + 3HNO_3 \longrightarrow C_6H_2(NO_2)_3OH$ (2,4,6-トリニトロフェノール) $+ 3H_2O$

解説 ピクリン酸，トリニトロトルエン(⇨ *p.55*)はともに**黄色結晶**で爆薬。

最重要 55 サリチル酸では，製法とエステル化・アセチル化がポイント。

1 製法；ナトリウムフェノキシドに高温・高圧で CO_2 を作用し，酸を加える。

ナトリウムフェノキシド —CO_2（高温・高圧）→ サリチル酸ナトリウム —H^+→ サリチル酸

補足 ナトリウムフェノキシド水溶液に CO_2（または酸）を加えるとフェノールが生成。（高圧ではない。）

2 反応；アルコール・酸無水物と反応 ⇨ どちらもエステルを生成。

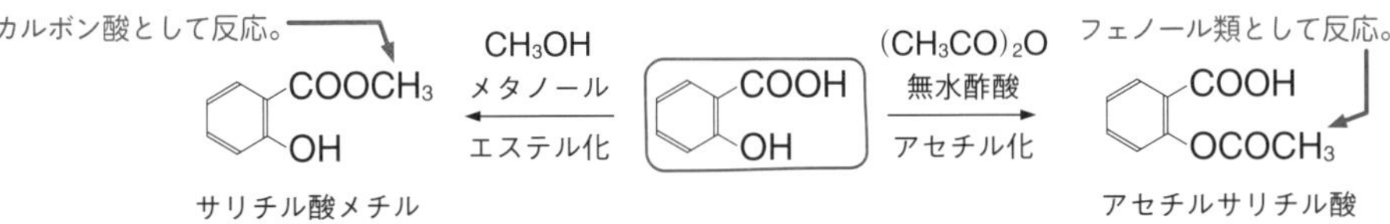

サリチル酸メチル（鎮痛用塗布薬）　　アセチルサリチル酸（解熱剤）

補足 サリチル酸は，**フェノール類**と**カルボン酸**の両方の性質をもつ。⇨ 塩化鉄(Ⅲ)水溶液で呈色し，$NaHCO_3$ 水溶液と反応して CO_2 を発生(⇨ *p.63*)する。

入試問題例　フェノールから導かれる化合物　香川大

次の文章を読み，各問いに答えよ。

フェノールから芳香族化合物**D**と**E**を合成する実験を以下の手順で行った。実験で合成した化合物**C**，**D**，**E**は，炭素，水素，酸素で構成される有機化合物である。

〔手順1〕フェノールに水酸化ナトリウム水溶液を加えると，塩をつくって溶けて化合物**A**が得られた。

〔手順2〕高温高圧下で化合物**A**に二酸化炭素を反応させると化合物**B**を生じた。さらに，化合物**B**に希硫酸を加えることにより化合物**C**が得られた。

〔手順3〕化合物**C**とメタノールに少量の濃硫酸を加え，加熱して反応させると化合物**D**が得られた。

〔手順4〕化合物**C**と無水酢酸に少量の濃硫酸を加え，約60℃で反応させると化合物**E**が得られた。

(1) 下線部の反応が進む理由を説明せよ。

(2) 手順3および手順4における反応の化学反応式と，化合物**D**および**E**の化合物名をそれぞれ答えよ。ただし，化学反応式の化学式は略式の構造式で示せ。

(3) 化合物**D**と化合物**E**に共通して存在し，酸素原子を2個含む結合の名称を答えよ。

(4) フェノールおよび化合物**C**，**D**，**E**のうち，塩化鉄(Ⅲ)水溶液を加えると青紫～赤紫色を呈する化合物名をすべて答えよ。

解説　(1) 手順1，2はフェノールからサリチル酸を生成する反応である(最重要55－**1**)。化合物**B**は，弱酸であるカルボン酸(サリチル酸)の塩であり，これに強酸の希硫酸を加えた反応で，〔**弱酸からなる塩**〕＋〔**強酸**〕⟶〔**強酸からなる塩**〕＋〔**弱酸**〕

(2) 手順3はサリチル酸とメタノールのエステル化の反応である。手順4はサリチル酸のアセチル化の反応である(最重要55－**2**)。

(3) 化合物**D**はサリチル酸メチル $C_6H_4(OH)COOCH_3$，化合物**E**はアセチルサリチル酸 $C_6H_4(COOH)OCOCH_3$ で，どちらもエステルである(最重要55－**2**)。

(4) フェノール類で，ベンゼン環にOH基が結合している物質である。したがって，フェノールとサリチル酸 $C_6H_4(OH)COOH$，サリチル酸メチル(最重要52－**3**)。

答　(1) **弱酸であるカルボン酸の塩に，強酸である希硫酸を加えたため，弱酸のカルボン酸が遊離したから。**

(2)〔手順3〕

$$C_6H_4(OH)COOH + CH_3OH \longrightarrow C_6H_4(OH)COOCH_3 + H_2O$$

(**C**；サリチル酸)　　**D；サリチル酸メチル**

〔手順4〕

$$C_6H_4(OH)COOH + (CH_3CO)_2O \longrightarrow C_6H_4(OCOCH_3)COOH + CH_3COOH$$

E；アセチルサリチル酸

(3) **エステル結合**　(4) **フェノール，サリチル酸，サリチル酸メチル**

14 芳香族カルボン酸

酸性物質といえば，**カルボン酸**か**フェノール類**であることから，次の**3点**を確実に覚える。

1 水に溶けにくいが **NaOH水溶液** を加えると**水溶性**

⇨ **カルボン酸** か **フェノール類**

水溶性のスルホン酸も，NaOH水溶液と中和反応する。

解説 NaOH水溶液と中和反応して塩となり，均一な水溶液になる。

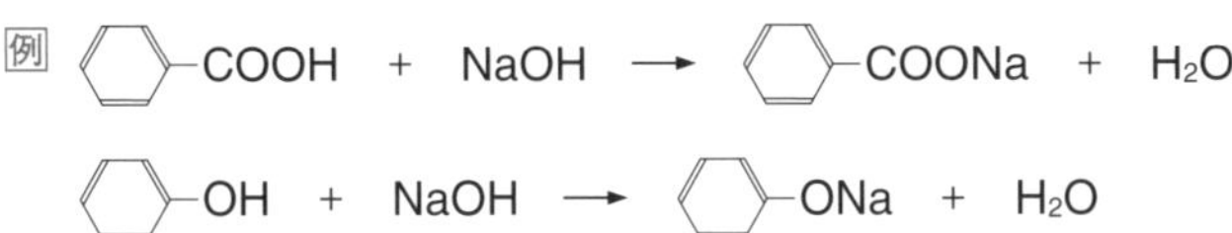

2 酸性の強さ ⇨ スルホン酸 > **カルボン酸** > **炭酸** > **フェノール類**

炭酸水

補足 $-SO_3H$（ベンゼンスルホン酸）は，水に溶けやすく，強酸である。

3 **$NaHCO_3$ 水溶液** を加えると溶ける。

⇨ **カルボン酸** かスルホン酸

⇨ CO_2 を発生しながら溶ける。

解説 〔**弱酸からなる塩**〕+〔**強酸**〕⟶〔**強酸からなる塩**〕+〔**弱酸**〕より，

$NaHCO_3$ + $-COOH$ ⟶ $-COONa$ + CO_2↑ + H_2O

補足 フェノール類は，炭酸（炭酸水）より弱い酸であるから，$NaHCO_3$ と反応しない。

例題　NaOH水溶液，$NaHCO_3$水溶液の反応

次の物質について，(1)～(3)の問いに**ア**～**カ**で答えよ。

ア　トルエン　　**イ**　フェノール　　**ウ**　サリチル酸　　**エ**　ニトロベンゼン

オ　クレゾール　　**カ**　安息香酸

(1) 水酸化ナトリウム水溶液に溶けるものをすべて示せ。

(2) 炭酸水素ナトリウム水溶液に溶けるものをすべて示せ。

(3) (1)の水溶液に，二酸化炭素を吹き込むと遊離してくるものはどれか。

解説 (1) 酸性物質であるカルボン酸とフェノール類である。

イ；$C_6H_5-OH + NaOH \longrightarrow C_6H_5-ONa + H_2O$

ウ；$C_6H_4(OH)COOH + 2NaOH \longrightarrow C_6H_4(ONa)COONa + 2H_2O$

オ；$C_6H_4(OH)CH_3 + NaOH \longrightarrow C_6H_4(ONa)CH_3 + H_2O$

カ；$C_6H_5-COOH + NaOH \longrightarrow C_6H_5-COONa + H_2O$

(2) 炭酸より酸性の強いカルボン酸である。

ウ；$NaHCO_3 + C_6H_4(OH)COOH \longrightarrow C_6H_4(OH)COONa + CO_2\uparrow + H_2O$

カ；$NaHCO_3 + C_6H_5-COOH \longrightarrow C_6H_5-COONa + CO_2\uparrow + H_2O$

(3) 炭酸より酸性の弱いフェノール類が遊離する。

イ；$C_6H_5-ONa + CO_2 + H_2O \longrightarrow NaHCO_3 + C_6H_5-OH$

オ；$C_6H_4(ONa)CH_3 + CO_2 + H_2O \longrightarrow NaHCO_3 + C_6H_4(OH)CH_3$

答 (1) **イ，ウ，オ，カ**

(2) **ウ，カ**

(3) **イ，オ**

最重要 57

次のジカルボン酸の２つの特性をおさえておく。

← *o*-と*p*-の見分け方。

1 ジカルボン酸は 加熱 で容易に変化 ⇨ *o*-(オルト)の位置

← 酸無水物が生成。

解説

$$C_6H_4(COOH)_2 \xrightarrow[\text{加熱}]{\text{脱水}} C_6H_4(CO)_2O + H_2O$$

フタル酸 → 無水フタル酸

2 ジカルボン酸の一置換体に異性体がない ⇨ *p*-(パラ)の位置

解説 ▶$C_6H_4(COOH)_2$のニトロ化において，異性体が存在しない。

HOOC−C_6H_4−COOH —ニトロ化→ HOOC−$C_6H_3(NO_2)$−COOH ← この構造式しかない。

テレフタル酸

▶ジカルボン酸の一置換体の異性体数は，*o*−の場合は２個，*m*−の場合は３個存在する。

ジカルボン酸に限らずキシレン$C_6H_4(CH_3)_2$などの一置換体についても同じである。

入試問題例 芳香族カルボン酸エステル　金沢大

次の文を読み，(1)〜(3)の問いに答えよ。

ある芳香族カルボン酸エステル**A**の分子式は$C_{13}H_{18}O_2$で表される。少量の酸を加えて**A**を加水分解すると，分子式$C_8H_8O_2$で表される芳香族カルボン酸**B**と分子式$C_5H_{12}O$で表されるアルコール**C**が得られた。**B**を過マンガン酸カリウムの塩基性水溶液と反応させ，この水溶液を希硫酸で酸性にするとジカルボン酸**D**が生じた。さらに**D**を熱すると分子内で脱水が起こり，酸無水物**E**が得られた。一方，アルコール**C**は不斉炭素原子をもつことがわかり，これを二クロム酸カリウムと希硫酸を用いておだやかに酸化すると化合物**F**が生じた。**F**はフェーリング液を還元した。

(1) 化合物**A**〜**F**の構造式を例にならって記し，不斉炭素原子にC^*のように印をつけよ。

〔例〕

$$\begin{array}{c} H \\ | \\ CH_3-C^*-OH \\ | \\ NH_2 \end{array}$$

(2) **B**の異性体を芳香族カルボン酸に限定して構造式を記せ。

(3) $C_5H_{11}OH$で表されるアルコールには何種類の異性体があるか。鏡像異性体は数えないものとする。

解説 (1) カルボン酸**B**を酸化すると，ジカルボン酸**D**となり，さらに，加熱によって酸無水物**E**になることから(最重要57－**1**)，次のようである。

(B) $C_6H_4(CH_3)COOH$ —酸化→ (D) $C_6H_4(COOH)_2$ —加熱→ (E) $C_6H_4(CO)_2O$

アルコール**C**は，不斉炭素原子をもち(最重要19－**1**)，酸化生成物**F**がフェーリング液を還元したことから，**F**はアルデヒド，**C**は第一級アルコールであるから(最重要18)，次のようである。

$CH_3-CH_2-C^*H(CH_3)-CH_2-OH$ (C) —酸化→ $CH_3-CH_2-C^*H(CH_3)-CHO$ (F)

加水分解して**B**と**C**を得られるエステル**A**は，

$C_6H_4(CH_3)$-$COO-CH_2-C^*H(CH_3)-CH_2-CH_3$

(B) (C)

(2) ジカルボン酸**B**は*o*–であるから，異性体は*m*–，*p*–である(最重要50)。

(3) $C_5H_{11}OH$で表されるアルコールは次の8種類(Hを省略)。

C−C−C−C−C−OH　C−C(OH)−C−C−C　C−C−C(OH)−C−C

C−C(C)−C−C−OH　C−C(C)−C(OH)−C　C−C(C)(OH)−C−C

C−C−C(C)−C−OH　C−C(C)(C)−C−OH

答 (1) **A**；$C_6H_4(CH_3)$-$COO-CH_2-C^*H(CH_3)-CH_2-CH_3$　**B**；$C_6H_4(CH_3)COOH$

C；$CH_3-CH_2-C^*H(CH_3)-CH_2-OH$　**D**；$C_6H_4(COOH)_2$　**E**；$C_6H_4(CO)_2O$

F；$CH_3-CH_2-C^*H(CH_3)-CHO$

(2) m-$CH_3-C_6H_4-COOH$　$CH_3-C_6H_4-COOH$ (p-)

(3) **8種**

15 アニリン

最重要 58 アニリンの製法では，ベンゼンからの経路の反応・反応名を確実に覚える。

ベンゼン —(濃硝酸・濃硫酸／ニトロ化)→ **ニトロベンゼン** —(還元)→ **アニリン**

解説 ▶**ベンゼンのニトロ化**；ベンゼンに濃硝酸・濃硫酸を加えて加熱する。

$$C_6H_6 + HNO_3 \longrightarrow C_6H_5-NO_2 + H_2O$$

ベンゼン　　　ニトロベンゼン

▶**ニトロベンゼンをスズと塩酸で還元**

$$2C_6H_5-NO_2 + 3Sn + 14HCl \longrightarrow 2C_6H_5-NH_3Cl + 3SnCl_4 + 4H_2O$$

さらに，NaOH水溶液を加えてアニリンを遊離させる。

$$C_6H_5-NH_3^+Cl^- + NaOH \longrightarrow NaCl + C_6H_5-NH_2 + H_2O$$

アニリン塩酸塩　　　アニリン

▶**ニトロベンゼンをニッケルを触媒として水素で還元**

$$C_6H_5-NO_2 + 3H_2 \xrightarrow{Ni} C_6H_5-NH_2 + 2H_2O$$

最重要 59 アニリンの次の2つの呈色反応をおさえる。

1 アニリンに **さらし粉** 水溶液 ⇨ **赤紫色**を呈する。 ← アニリンの検出。

解説 アニリンがさらし粉水溶液に酸化されて呈色した。

2 アニリンに**二クロム酸カリウム水溶液**(硫酸酸性) ⇨ **黒色沈殿**

解説 アニリンが二クロム酸カリウムに酸化されて生じる。 アニリンブラックという。

補足 アニリンは，無色の油状の液体であるが，空気中で酸化されて褐色を帯びる。

入試問題例　アニリンの製法と検出　島根大

次の文を読み，問いに答えよ。

試験管にニトロベンゼン，スズ，濃塩酸を入れ，油状のニトロベンゼンが見えなくなるまで加熱した。冷却したのち，溶液だけを三角フラスコに移し，**a** その溶液に水酸化ナトリウム水溶液を加えて塩基性にした。十分に冷却したのち，**b** ジエチルエーテルを加えてよく振り混ぜ，静置した。ジエチルエーテル層だけを丸底フラスコに移し，蒸留によりジエチルエーテルのみを除いた。

(1) 下線部**a**で塩基性にするのは何のためか。このときの反応を化学反応式で書き，理由を述べよ。

(2) 下線部**b**でジエチルエーテルを加えるのは何のためか。

(3) アニリンが生成したことを確認するために利用される呈色反応の1つについて，用いる試薬と色の変化を述べよ。

解説　(1) アニリンは塩酸と反応してアニリン塩酸塩$C_6H_5NH_3Cl$として存在するので，強塩基のNaOH水溶液を加えることで，弱塩基のアニリンを遊離させる(**最重要58**)。

(2) アニリンは水に溶けにくいが，ジエチルエーテルに溶ける。

(3) アニリンはさらし粉水溶液に酸化されて赤紫色を呈する(**最重要59－1**)。

答　(1) 化学反応式；$C_6H_5NH_3Cl + NaOH \longrightarrow NaCl + C_6H_5NH_2 + H_2O$

理由；**アニリンは塩酸と反応してアニリン塩酸塩を生成するので，強塩基のNaOH水溶液によって弱塩基のアニリンを遊離させるため。**

(2) **水溶液に遊離しているアニリンをジエチルエーテルで抽出するため。**

(3) 試薬；**さらし粉水溶液**　色の変化；**無色 → 赤紫色**

アニリンの反応は，次の2つのアミノ基の反応がポイント。

1 アミノ基$-NH_2$は 塩基性 ⇨ 酸と中和する。

解説 アニリンは，水に溶けにくいが，塩酸と中和して溶ける。

$C_6H_5-NH_2$ + HCl ⟶ $C_6H_5-NH_3^+Cl^-$ ⟵ NH_3 + HCl ⟶ NH_4Clと同じ。

アニリン　　　アニリン塩酸塩

⇨「**水に溶けないが，塩酸に溶ける**」とあれば「**芳香族アミン**」，特に「**アニリン**」。

補足 **アミン**；NH_3のH原子を炭化水素基Rで置換した化合物。Rが芳香族は**芳香族アミン**。

2 $-NH_2$ + 無水酢酸 ⇨ アセチル化 ⇨ アミドが生成。

解説

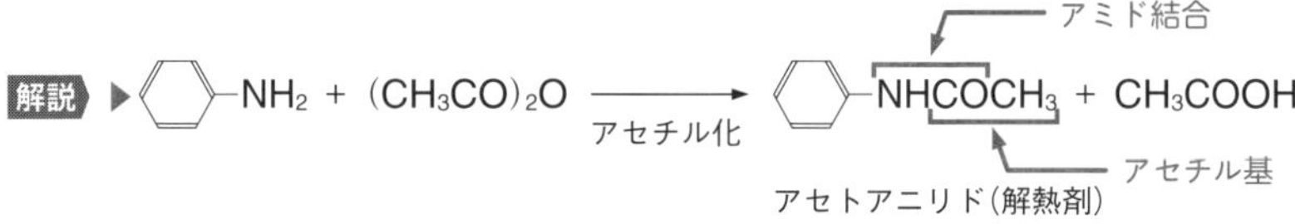

▶$-NH-CO-$を**アミド結合**といい，アミド結合をもつ化合物を**アミド**という。

入試問題例　芳香族化合物と酸・塩基の反応　センター試験

4種の有機化合物，アニリン，安息香酸，フェノールおよびベンゼンを含むジエチルエーテル溶液**A**がある。次の記述**a**・**b**のなかの(　　)に最も適する語句を，下の①～⑦から1つずつ選べ。

a 溶液**A**に水酸化ナトリウム水溶液を加えて振り混ぜると，(　　　)は水酸化ナトリウム水溶液中に分けとられる。

b 溶液**A**に塩酸を加えて振り混ぜると，(　　　)は塩酸中に分けとられる。

① アニリン　② 安息香酸　③ フェノール　④ ベンゼン
⑤ アニリンと安息香酸　⑥ アニリンとフェノール　⑦ 安息香酸とフェノール

解説 **a**；水酸化ナトリウム水溶液中に分けとられるものは，NaOHと中和反応して塩となるもので酸性物質であり，カルボン酸の安息香酸とフェノール類のフェノールである(最重要56－1)。

b；塩酸中に分けとられるものは，HClと中和反応して塩となるもので，塩基性物質のアニリンである(最重要60－1)。

答 **a**；⑦　**b**；①

アゾ染料の合成では，次の2つの反応と反応名を知っていればよい。

1 ジアゾ化；アニリンの塩酸溶液に亜硝酸ナトリウムを作用。

（冷却しながら反応させる。）

解説 ▶ $C_6H_5-NH_2$ + $NaNO_2$ + 2HCl →（ジアゾ化）$C_6H_5-N^+{\equiv}NCl^-$ + NaCl + $2H_2O$

（$C_6H_5-N^+{\equiv}NCl^-$：塩化ベンゼンジアゾニウム）

$-N^+{\equiv}N$の構造をもつ**ジアゾニウム塩**を生じる反応を**ジアゾ化**という。

▶塩化ベンゼンジアゾニウムの水溶液を，5℃以上にすると加水分解してN_2とフェノールを生じる。⇨ ジアゾ化の反応は，氷で冷却しながら行う。

2 カップリング（ジアゾカップリング）；塩化ベンゼンジアゾニウムの水溶液にナトリウムフェノキシドの水溶液を作用。

$C_6H_5-N^+{\equiv}NCl^-$（塩化ベンゼンジアゾニウム） + C_6H_5-ONa（ナトリウムフェノキシド） →（カップリング）$C_6H_5-N{=}N-C_6H_4-OH$（*p*-ヒドロキシアゾベンゼン） + NaCl

このような芳香族アゾ化合物は，染料に用いられ，アゾ染料という。合成染料の１つである。

（*p*-ヒドロキシアゾベンゼン：橙赤色の沈殿。）

解説 アゾ基$-N{=}N-$をもつ化合物を**アゾ化合物**といい，アゾ化合物を生じる反応を**カップリング**（ジアゾカップリング）という。

入試問題例　アニリンの製法と誘導体　北海道大

次の文を読み，あとの問いに答えよ。原子量；H＝1.0，C＝12.0，N＝14.0，O＝16.0

ベンゼンに硝酸と硫酸の混合物を加え60℃で反応させると，ベンゼンはすべて黄色い液体の化合物**A**になった。**A**に塩酸とスズを作用させて還元したのち，反応せずに残った**A**をエーテルで抽出した。**a** <u>分離した水層を水酸化ナトリウム水溶液で塩基性に変えると化合物**B**が遊離した。</u>

上の操作で分離した**B**に無水酢酸を加えると，**B**はすべて白色結晶**C**になった。

一方，**B**の希塩酸溶液に0℃で亜硝酸ナトリウムを加えると，不安定な塩**D**が生成する。**D**に10℃で水を加えると，化合物**E**が生成する。**E**のナトリウム塩と**D**を反応させると，**b** <u>橙赤色の化合物が生成する。</u>

(1) 文中の**A**～**E**にあてはまる化合物の名前を書け。

(2) 下線部**a**の反応を化学反応式で示せ。

(3) はじめ10gのベンゼンを使って，実験を行ったところ，14gの**C**が得られた。何パーセントの**A**が**C**に変わったか。

(4) 下線部**b**の橙赤色の化合物の構造式(略式)を示せ。

解説 (1) **A**；ベンゼンに硝酸と硫酸を加えて加熱すると，黄色の液体であるニトロベンゼン(**A**)が生成する(最重要48－2)。

$C_6H_6 + HNO_3 \longrightarrow C_6H_5-NO_2$(**A**) $+ H_2O$ ←― ニトロ化

B；ニトロベンゼンに塩酸とスズを加えると，アニリン塩酸塩が生成し，アニリン塩酸塩の水溶液にNaOH水溶液を加えるとアニリン(**B**)が生成する(最重要58)。

$C_6H_5-NH_3Cl + NaOH \longrightarrow C_6H_5-NH_2$(**B**) $+ NaCl + H_2O$

C；アニリン(**B**)に無水酢酸を加えると，白色結晶のアセトアニリド(**C**)が生成する(最重要60－2)。

アセチル化

$C_6H_5-NH_2$(**B**) $+ (CH_3CO)_2O \longrightarrow C_6H_5-NHCOCH_3$(**C**) $+ CH_3COOH$

D；アニリン(**B**)の塩酸溶液に亜硝酸ナトリウムを加えると，不安定な塩である塩化ベンゼンジアゾニウム(**D**)が生成する(最重要61－1)。

ジアゾ化

$C_6H_5-NH_2 + 2HCl + NaNO_2 \longrightarrow C_6H_5-N_2Cl$(**D**) $+ NaCl + 2H_2O$

E；**D**に10℃で水を加えると，フェノール(**E**)が生じる(最重要61－1)。

$C_6H_5-N_2Cl$(**D**) $+ H_2O \longrightarrow C_6H_5-OH$(**E**) $+ N_2 + HCl$

(3) $C_6H_6 \longrightarrow C_6H_5-NO_2$(**A**) $\longrightarrow C_6H_5-NH_2$(**B**) $\longrightarrow C_6H_5-NHCOCH_3$(**C**)

$C_6H_6 = 78.0$，$C_6H_5-NHCOCH_3 = 135.0$より，x〔%〕の**A**が反応したとすると，

$$10\,\mathrm{g} \times \frac{135.0}{78.0} \times \frac{x}{100} = 14\,\mathrm{g} \qquad \therefore \quad x \fallingdotseq 81\,\%$$

(4) 塩化ベンゼンジアゾニウム(**D**)とフェノール(**E**)のナトリウム塩の反応は，

カップリング

$C_6H_5-N_2Cl$(**D**) $+ C_6H_5-ONa \longrightarrow C_6H_5-N{=}N-C_6H_4-OH + NaCl$

答 (1) **A；ニトロベンゼン　B；アニリン　C；アセトアニリド**
D；塩化ベンゼンジアゾニウム　E；フェノール

(2) $C_6H_5-NH_3Cl + NaOH \longrightarrow C_6H_5-NH_2 + NaCl + H_2O$

(3) **81%**

(4) $C_6H_5-N{=}N-C_6H_4-OH$ (ベンゼン環–N=N–ベンゼン環–OH)

16 芳香族化合物の分類

芳香族化合物のうち，次の **3 つの試薬**によって**水溶性**になるものをおさえる。← いずれも塩となって水に溶ける。

※芳香族化合物のうち，ベンゼンスルホン酸 $C_6H_5SO_3H$ 以外は水に溶けにくい。

1 酸(塩酸)に溶ける

⇨ **アミン**

⇨ 多くは **アニリン**

解説 $C_6H_5-NH_2 + HCl \longrightarrow C_6H_5-NH_3Cl$

2 NaOH 水溶液に溶ける

⇨ **カルボン酸** か **フェノール類**

解説
▶ $C_6H_5-COOH + NaOH \longrightarrow C_6H_5-COONa + H_2O$

▶ $C_6H_5-OH + NaOH \longrightarrow C_6H_5-ONa + H_2O$

3 $NaHCO_3$ 水溶液に溶ける

⇨ **カルボン酸** または**スルホン酸**

⇨ CO_2 を発生しながら溶ける

解説 ▶ $C_6H_5-COOH + NaHCO_3 \longrightarrow C_6H_5-COONa + H_2O + CO_2\uparrow$

▶ **酸性の強さ**；「スルホン酸＞カルボン酸＞炭酸＞フェノール類」より，フェノール類は $NaHCO_3$ と反応しない。

次の2つの検出反応と色による識別を再確認。

1 塩化鉄(Ⅲ)水溶液で青紫～赤紫色 ⇨ フェノール類

補足 塩化鉄(Ⅲ)水溶液で呈色し，$NaHCO_3$と反応 ⇨ サリチル酸

（呈色し ← フェノール類，$NaHCO_3$と反応 ← カルボン酸）

2 さらし粉水溶液で赤紫色 ⇨ アニリン

補足 硫酸酸性二クロム酸カリウム水溶液で黒色沈殿 ⇨ アニリン

（黒色沈殿 ← アニリンブラック）

3 淡黄色の油状の液体 ⇨ ニトロベンゼン

補足 ニトロベンゼンは芳香をもち，水より密度が大きい。 ← 水中では底に沈む。

入試問題例 芳香族化合物の識別 センター試験

3種の芳香族化合物**X**，**Y**，**Z**について実験を行い，次の観察結果(a)～(d)を得た。これらの観察結果にあてはまる化合物を**ア**～**オ**から選び，その組み合わせとして最も適当なものを，下の①～⑧のうちから1つ選べ。

(a) 化合物**X**，**Y**，**Z**それぞれに水酸化ナトリウム水溶液を加えたところ，**X**と**Y**は溶解したが，**Z**は混ざり合わず2層に分離した。

(b) 化合物**X**，**Y**それぞれに炭酸水素ナトリウム水溶液を加えたところ，**X**は気泡を発生しながら溶解したが，**Y**では気泡が発生しなかった。

(c) 化合物**X**の水溶液に塩化鉄(Ⅲ)水溶液を加えたところ，呈色しなかった。

(d) 化合物**X**の水溶液に化合物**Z**を加えたところ，**Z**は溶解した。

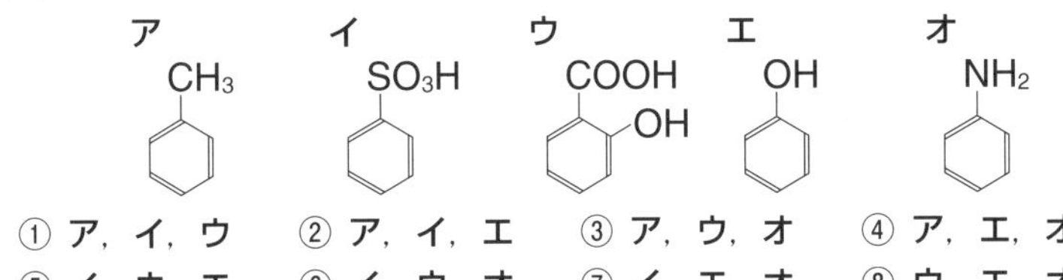

① ア，イ，ウ　② ア，イ，エ　③ ア，ウ，オ　④ ア，エ，オ

⑤ イ，ウ，エ　⑥ イ，ウ，オ　⑦ イ，エ，オ　⑧ ウ，エ，オ

解説 (a) NaOH水溶液に溶けるのは酸性物質で，スルホン酸，カルボン酸，フェノール類であるから，**X**，**Y**は**イ**，**ウ**，**エ**のいずれか(**最重要56－1**)。

(b) $NaHCO_3$水溶液に気体を発生しながら溶けるのはスルホン酸，カルボン酸(**最重要62－3**)。よって，**Y**はフェノール類であり，**エ**である。

(c) **X**は塩化鉄(Ⅲ)水溶液で呈色しないことから，フェノール類でもあるカルボン酸**ウ**でなくスルホン酸の**イ**である(**最重要63－1**)。

(d) **Z**は，**X**(ベンゼンスルホン酸)に溶けるから，塩基性物質の**オ**(アニリン)(**最重要62－1**)。

答 ⑦

次の3つの反応を再確認しておく。

1 ベンゼン＋Cl_2・Br_2 { 鉄が触媒 ⇨ 置換反応 / 光(紫外線) ⇨ 付加反応

解説 $C_6H_6 + Cl_2 \xrightarrow{Fe(触媒)} C_6H_5Cl + HCl$　　$C_6H_6 + 3Cl_2 \xrightarrow{光} C_6H_6Cl_6$

2 側鎖の酸化 ⇨ －COOH

解説 $C_6H_5CH_3 \xrightarrow{(O)} C_6H_5COOH$　　$C_6H_5CH_2CH_3 \xrightarrow{(O)} C_6H_5COOH$

3 －OH・－NH_2＋無水酢酸 ⇨ アセチル化；－$OCOCH_3$・－$NHCOCH_3$

解説 $C_6H_5OH \xrightarrow{(CH_3CO)_2O} C_6H_5O\underline{COCH_3}$　　$C_6H_5NH_2 \xrightarrow{(CH_3CO)_2O} C_6H_5NH\underline{COCH_3}$

アセチル化　　アセチル化

芳香族化合物の分離は，次のパターンを知っていればできる。

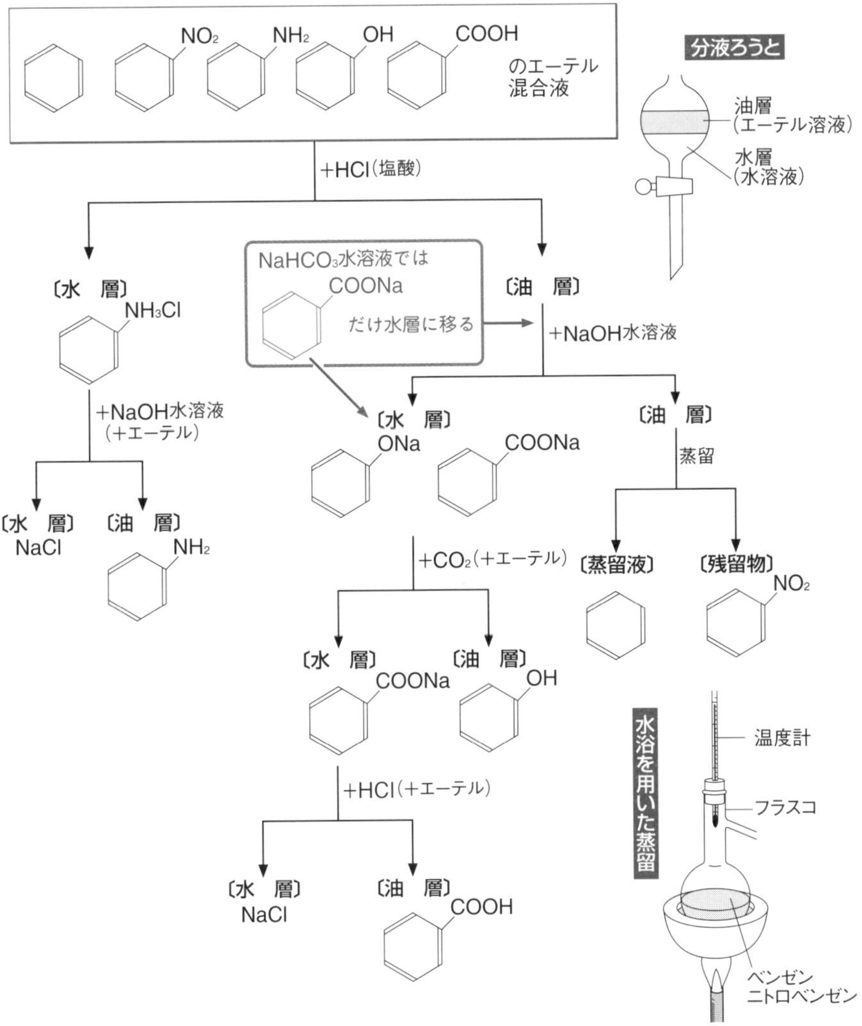

ベンゼン，ニトロベンゼン（NO_2），アニリン（NH_2），フェノール（OH），安息香酸（COOH）のエーテル混合液

+HCl（塩酸）

- 〔水　層〕 アニリン塩酸塩（NH_3Cl）
  - +NaOH水溶液（+エーテル）
    - 〔水　層〕 NaCl
    - 〔油　層〕 アニリン（NH_2）
- 〔油　層〕
  - +NaOH水溶液
    - 〔水　層〕 ナトリウムフェノキシド（ONa），安息香酸ナトリウム（COONa）
      - $+CO_2$（+エーテル）
        - 〔水　層〕 安息香酸ナトリウム（COONa）
          - +HCl（+エーテル）
            - 〔水　層〕 NaCl
            - 〔油　層〕 安息香酸（COOH）
        - 〔油　層〕 フェノール（OH）
    - 〔油　層〕
      - 蒸留
        - 〔蒸留液〕 ベンゼン
        - 〔残留物〕 ニトロベンゼン（NO_2）

$NaHCO_3$水溶液では 安息香酸ナトリウム（COONa）だけ水層に移る

分液ろうと

油層（エーテル溶液）

水層（水溶液）

水浴を用いた蒸留

温度計

フラスコ

ベンゼン
ニトロベンゼン

入試問題例　芳香族化合物の分離　九州大

ナフタレン，アニリン，*o*-クレゾールおよびサリチル酸の混合物がジエチルエーテルに溶解している。各成分を分離するために以下の操作を行った。

混合物のジエチルエーテル溶液に希塩酸を加え，よく振り混ぜ，ジエチルエーテル層Ⅰと水層Ⅰに分離した。水層Ⅰに水酸化ナトリウム水溶液を加えて塩基性とし，ジエチルエーテルを加えてよく振り混ぜ，ジエチルエーテル層Ⅱを分離した。ジエチルエーテル層Ⅱからジエチルエーテルを除去すると**A**が得られた。次にジエチルエーテル層Ⅰに炭酸水素ナトリウム水溶液を加え，よく振り混ぜ，ジエチルエーテル層Ⅲと水層Ⅲに分離した。水層Ⅲに希塩酸を加えると**B**が析出した。ジエチルエーテル層Ⅲを水酸化ナトリウム水溶液と振り混ぜ，ジエチルエーテル層Ⅳと水層Ⅳに分離した。水層Ⅳに希塩酸を加えて酸性とし，ジエチルエーテルを加えて抽出すると**C**が得られた。ジエチルエーテル層Ⅳからジエチルエーテルを除去すると**D**が回収された。

(1) **A**～**D**の名称を記せ。

(2) **B**と**C**が炭酸水素ナトリウム水溶液を用いることにより分離できる理由を記せ。

解説 最重要65に関する確認問題である。希塩酸に溶けるのは塩基性のアニリン。

$$C_6H_5-NH_2 + HCl \longrightarrow C_6H_5-NH_3Cl\text{（水層Ⅰ）}$$

水層ⅠにNaOH水溶液を加えると，

$$C_6H_5-NH_3Cl + NaOH \longrightarrow C_6H_5-NH_2 + NaCl + H_2O$$

ジエチルエーテル層Ⅱには$C_6H_5NH_2$が溶けている。よって，**A**はアニリン。

炭酸水素ナトリウム水溶液と反応するのは，$-COOH$をもつサリチル酸である。

$$NaHCO_3 + C_6H_4(OH)COOH \longrightarrow C_6H_4(OH)COONa\text{（水層Ⅲ）} + H_2O + CO_2$$

水層Ⅲに希塩酸を加えると，次のように**B**のサリチル酸が遊離する。

$$C_6H_4(OH)COONa + HCl \longrightarrow NaCl + C_6H_4(OH)COOH$$

ジエチルエーテル層Ⅲで，NaOH水溶液と反応するのは，*o*-クレゾールである。

$$C_6H_4(CH_3)OH + NaOH \longrightarrow C_6H_4(CH_3)ONa\text{（水層Ⅳ）} + H_2O$$

水層Ⅳに希塩酸を加えると，次のように**C**の*o*-クレゾールが遊離する。

$$C_6H_4(CH_3)ONa + HCl \longrightarrow NaCl + C_6H_4(CH_3)OH$$

ジエチルエーテル層Ⅳから回収した**D**はナフタレンである。

答 (1) **A；アニリン　B；サリチル酸　C；*o*-クレゾール　D；ナフタレン**

(2) 酸の強さが，カルボン酸＞炭酸＞フェノール類であり，サリチル酸は炭酸水素ナトリウムと反応するが，*o*-クレゾールは反応しないから。

17 単糖類

糖類は，**単糖類・二糖類・多糖類**の3つに分類。

いずれも共通の分子式 $C_m(H_2O)_n$ で示され，炭水化物ともいう。⇨ 互いに異性体の関係。

分類	分子式	物質名
単糖類	$C_6H_{12}O_6$	**グルコース(ブドウ糖)，フルクトース(果糖)** ガラクトース
二糖類	$C_{12}H_{22}O_{11}$	**マルトース(麦芽糖)，スクロース(ショ糖)** **ラクトース(乳糖)**，セロビオース
多糖類	$(C_6H_{10}O_5)_n$	**デンプン，セルロース**，グリコーゲン

3つの**単糖類**とこれらの**共通点**をおさえる。

1 単糖類 $C_6H_{12}O_6$ ⇨ { **グルコース**(ブドウ糖)，**フルクトース**(果糖)，**ガラクトース** ← ガラクトースの出題は少ない。

補足 炭素が6つの単糖類を**六炭糖**(ヘキソース)という。

2 水によく溶け，還元性を示す
⇨ **銀鏡反応，フェーリング液の還元** ← p.30

解説 いずれも分子内に5個のOH基をもつため，水によく溶ける。

グルコースの還元性は，鎖状構造のホルミル基によることがポイント。

水溶液中でグルコースは，3種の異性体の平衡状態にある。

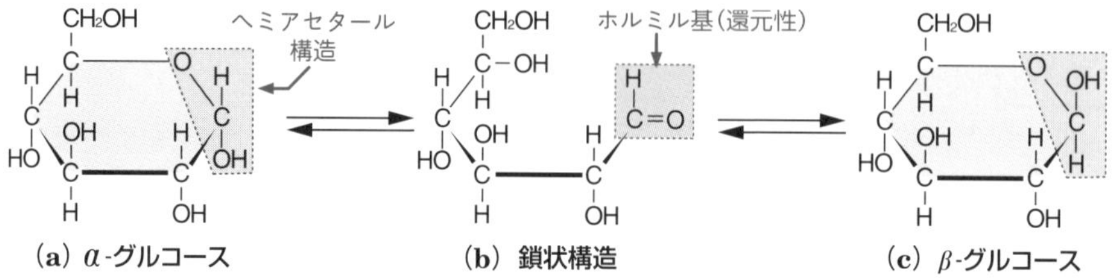

(a) α-グルコース　(b) 鎖状構造　(c) β-グルコース

解説 ヘミアセタール構造の一部が，鎖状構造でホルミル基になる。

入試問題例　グルコース　島根大

グルコースは，溶液中では一部の分子の六員環構造が開いて鎖状構造となり，右図のような3種類の異性体の混合物として存在する。鎖状のグルコースは，(　　　)基が存在するので還元性を示す。

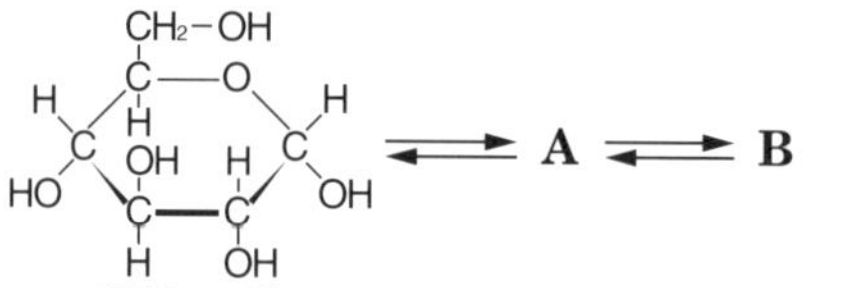

環状のα型 ⇄ A ⇄ B

環状のα型　　鎖状　　環状のβ型

(1) 図中のα型にならって，グルコースの鎖状(**A**)と環状のβ型(**B**)の構造を書け。

(2) 文中の(　　　)に適当な語句を記入せよ。

解説 最重要68のように切れて鎖状構造となり，このとき，ホルミル基が生じる。
また，α型とβ型はヘミアセタール構造部分の−Hと−OHの向きが逆になっている。

答 (1)

A； 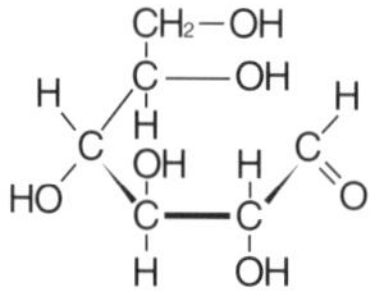　**B**；

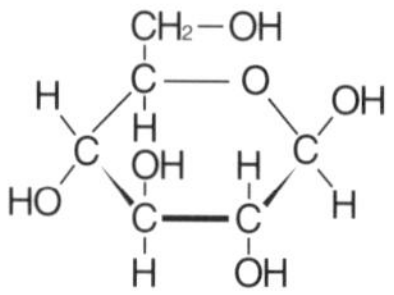

(2) **ホルミル(アルデヒド)**

最重要 69

フルクトースの還元性は，鎖状構造の $-CO-CH_2OH$ にある。

← グルコースとの違いに着目。

フルクトースの水溶液中の状態

解説 ▶結晶中では六員環。

▶**水溶液中では，フルクトースは次の 3 種の異性体の平衡状態にある**（下図）。 ← α型は省略。

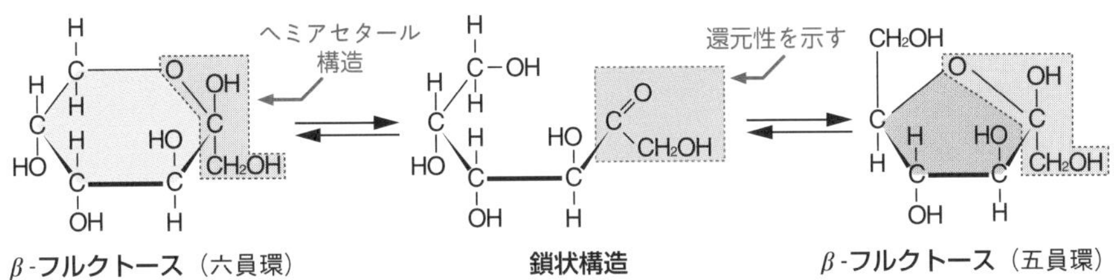

▶**還元性**；グルコースとガラクトースは $-CHO$（ホルミル基），フルクトースは $-CO-CH_2OH$ による。

▶フルクトースは，スクロースを加水分解すると，グルコースとともに生じる。

↑ 二糖類

最重要 70

フルクトースやグルコースなどの**アルコール発酵**も重要。

↑ 単糖類

酵素群チマーゼにより，エタノールと二酸化炭素に分解する反応。

解説 $C_6H_{12}O_6 \longrightarrow 2C_2H_5OH + 2CO_2$

補足 チマーゼは酵母に含まれる酵素群の総称である。

入試問題例　フルクトース　愛媛大

次の文を読み，問いに答えよ。

フルクトースは(　**a**　)とも呼ばれ，グルコースの(　**b**　)である。フルクトースは，α-グルコースと脱水縮合して二糖類の(　**c**　)となる。これは日常生活では砂糖としてなじみの深い物質である。①グルコースやフルクトースのような単糖類は(　**d**　)と呼ばれる酵素群により分解され，アルコール発酵が行われる。

フルクトースは結晶中では(　**e**　)員環の環状構造をとり，水溶液中ではそれ以外にケトン型の鎖状構造や(　**f**　)員環の環状構造と平衡状態になっている。②カルボニル基は一般に還元性を示さないが，フルクトース水溶液はグルコースと同じく還元性を示すことが知られている。

(1) **a**～**f**に適当な語句または数字を入れよ。

(2) 下線部①に示した単糖類のアルコール発酵の化学反応式を示せ。

(3) 下線部②に関連して，フルクトースの還元性に関与する部分構造を下記の**ア**～**エ**から選べ。

ア　$R-CH_3$　　**イ**　$R-COOH$　　**ウ**　$R-CO-CH_3$　　**エ**　$R-CO-CH_2OH$

解説　フルクトースとグルコースは，分子式がともに$C_6H_{12}O_6$で同じであり，互いに異性体の関係にある。

二糖類のスクロースを加水分解すると，フルクトースとグルコースの単糖類が生じることから，スクロースはこれらの単糖類が脱水縮合した構造になっている(⇨p.81)。

$C_{12}H_{22}O_{11} + H_2O \longrightarrow C_6H_{12}O_6$(フルクトース)$+ C_6H_{12}O_6$(グルコース)

フルクトースやグルコースの単糖類は，酵母に含まれる酵素群チマーゼによってエタノールと二酸化炭素に分解される。

$C_6H_{12}O_6 \longrightarrow 2C_2H_5OH + 2CO_2$(アルコール発酵)(最重要70)

フルクトースは，結晶中では六員環の環状構造であるが，水溶液中では，鎖状構造や五員環の環状構造の3種類の異性体の平衡状態になっている(最重要69)。

フルクトースやグルコースなどの単糖類はいずれも還元性を示す。この還元性は，グルコースとガラクトースでは，鎖状構造におけるホルミル基によるが，フルクトースではカルボニル基を含む$-CO-CH_2OH$による(最重要69)。

答　(1) **a；果糖　b；異性体(構造異性体)　c；スクロース　d；チマーゼ　e；六　f；五**

(2) $C_6H_{12}O_6 \longrightarrow 2C_2H_5OH + 2CO_2$

(3) **エ**

18 二糖類

最重要 71 3つの二糖類の共通点と相違点を確実に覚える。

1 二糖類 $C_{12}H_{22}O_{11}$ ⇨ マルトース(麦芽糖), スクロース(ショ糖), セロビオース, ラクトース(乳糖)

解説 2分子の単糖類 $C_6H_{12}O_6$ から H_2O が取れて縮合した構造をもつ。

$$2C_6H_{12}O_6 \longrightarrow C_6H_{11}O_5-O-C_6H_{11}O_5 + H_2O$$

補足 セルロースを加水分解して得られる二糖類が**セロビオース**であり(⇨ p.86), セルロースの関連で出題される。

2 いずれも水によく溶ける。

解説 いずれも分子内に8個のOH基をもつため, 水によく溶ける。

単糖類分子は5個のOH基をもち, 2個の単糖類分子がOH基で結合するから, 5×2−2=8 (個)。

3 スクロース以外は還元性を示す。

解説 ▶マルトースとラクトースの水溶液には, **ホルミル基**をもつ鎖状構造が含まれるため, 還元性を示す。⇨ **銀鏡反応**を示し, **フェーリング液を還元**する。

▶スクロースは還元性を示す基どうしが結合しているため, **還元性を示さない**。

〔マルトースの分子構造〕

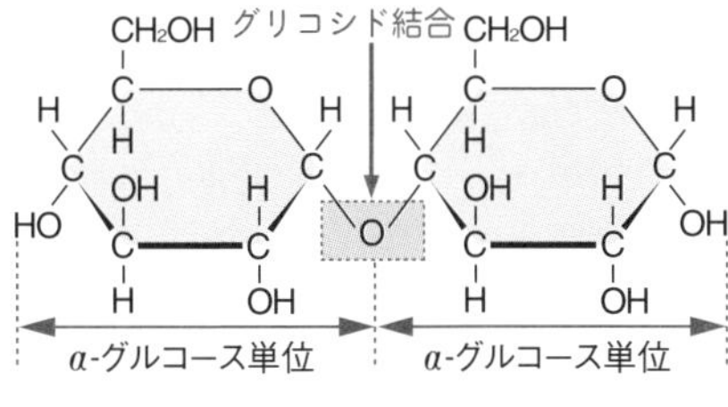

〔スクロースの分子構造〕

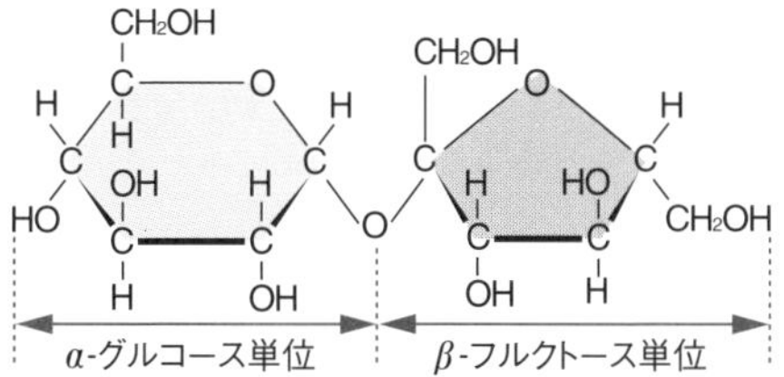

銀鏡反応 フェーリング液の還元	⇨ アルデヒド, 単糖類, スクロースを除く二糖類

最重要 72 3つの二糖類の加水分解生成物を答えられるようにする。

二糖類			加水分解	単糖類		
$C_{12}H_{22}O_{11}$	+	H_2O	→	$C_6H_{12}O_6$	+	$C_6H_{12}O_6$
マルトース			→	グルコース	+	グルコース
スクロース			→	グルコース	+	フルクトース
ラクトース			→	グルコース	+	ガラクトース

補足 スクロースの加水分解で得られたグルコースとフルクトースの混合物を**転化糖**という。

最重要 73 次の**糖の加水分解酵素**を覚えておくこと。

	加水分解			〔酵　素〕
マルトース	→	グルコース	⇨	**マルターゼ**
スクロース	→	グルコース フルクトース	⇨	**インベルターゼ** または**スクラーゼ**

補足 加水分解は，酸と加熱または酵素による。酸の場合はどの物質についても作用する。酵素は作用する物質がそれぞれ決まっている(⇨p.99)。

例題 二糖類の加水分解

次の糖類のうち，フェーリング液を還元する二糖類で，希硫酸を加えて加熱すると加水分解されて，2種類の単糖類が生成するものはどれか。

ア アミロース　**イ** スクロース　**ウ** セルロース　**エ** マルトース
オ ラクトース　**カ** フルクトース　**キ** ガラクトース

解説 アミロースとセルロースは多糖類(最重要74，75)，フルクトースとガラクトースは単糖類である(最重要67－**1**)。二糖類のうち，還元性をもつものはマルトースとラクトースである(最重要71－**3**)。このうち，加水分解によって，2種類の単糖類を生じるものはラクトースである(最重要72)。

答 **オ**

19 多糖類

最重要 74 デンプンとセルロースについて，次の共通点と相違点をおさえる。

	デンプン	セルロース
所　在	米，麦，いもなど	植物の細胞壁の主成分，木綿など
分子式	$(C_6H_{10}O_5)_n$	$(C_6H_{10}O_5)_n$
水溶性	**温水に一部溶ける**	**水に溶けない**
ヨウ素と反応	**青～青紫色**	変化なし
成分単位	**α-グルコース**	**β-グルコース**
加水分解生成物	**マルトース**	**セロビオース**
加水分解最終物	**グルコース**	**グルコース**

補足 デンプンにヨウ素ヨウ化カリウム水溶液を加えると，青～青紫色となる。
⇨ **ヨウ素デンプン反応**

例題 デンプンとセルロース

次の①～⑤について，デンプンにあてはまるものには**A**，セルロースにあてはまるものには**B**，共通のものには**C**を記せ。

① 多数のβ-グルコースが縮合重合した構造である。
② 分子式が$(C_6H_{10}O_5)_n$である。
③ 温水に溶けてコロイド溶液になる。
④ ヨウ素と反応して青色を呈する。
⑤ 植物の細胞壁の主成分である。

解説 セルロースは，β-グルコースが縮合重合した構造をもち，また，植物の細胞壁の主成分である。デンプンは，温水に一部溶け，ヨウ素デンプン反応を呈する。どちらも分子式は$(C_6H_{10}O_5)_n$である。

答 ① **B**　② **C**　③ **A**　④ **A**　⑤ **B**

デンプンは，次の構造と反応がポイント。

1 デンプンは，アミロースとアミロペクチンの混合物。

α-グルコースが { **直鎖状**の構造 ⇨ アミロース / **枝分かれ**の構造 ⇨ アミロペクチン }

アミロース（•はH）

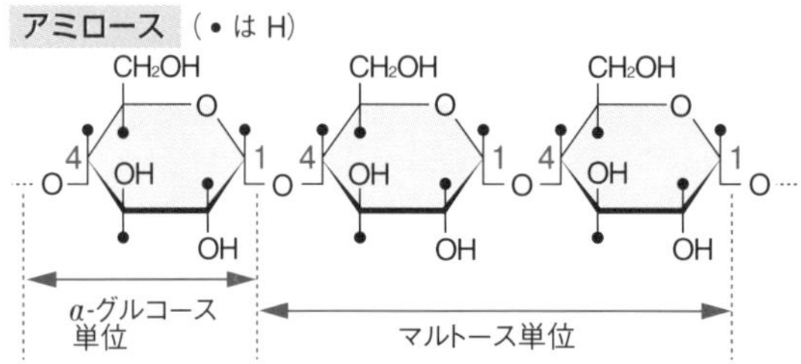

アミロペクチン（•はH）

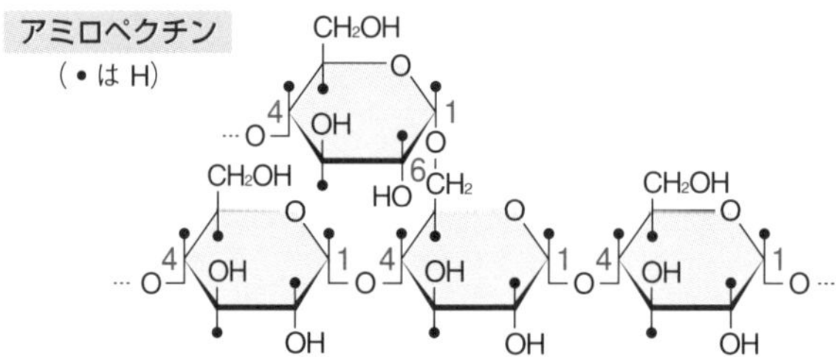

補足 デンプン分子の鎖は，らせん状になっている。

2 デンプンは，酵素または酸によって，次のように加水分解される。

デンプン $(C_6H_{10}O_5)_n$ ──（アミラーゼ，H^+）→ デキストリン ──（アミラーゼ，H^+）→ **マルトース** $C_{12}H_{22}O_{11}$ ──（マルターゼ，H^+）→ **グルコース** $C_6H_{12}O_6$

解説 ▶ $2(C_6H_{10}O_5)_n + nH_2O \longrightarrow nC_{12}H_{22}O_{11}$　$C_{12}H_{22}O_{11} + H_2O \longrightarrow 2C_6H_{12}O_6$
$(C_6H_{10}O_5)_n + nH_2O \longrightarrow nC_6H_{12}O_6$

▶**デキストリン**：デンプンが加水分解されて$(C_6H_{10}O_5)_n$のnが小さくなった化合物である。

▶体内で加水分解されたグルコースの一部は肝臓などで**グリコーゲン**$(C_6H_{10}O_5)_n$となる。（動物デンプンともいう。）

入試問題例　デンプン　東京理大

次の文中の空欄**a**～**e**に適する語句を下の解答群より選び，**f**には数値で記せ。原子量；H＝1.0，C＝12，O＝16

デンプンは(　**a**　)を構成単糖類とする多糖類で，直鎖状の構造をもつ分子からなる(　**b**　)と枝分かれ構造の分子からなる(　**c**　)がある。デンプンにアミラーゼ，次いでマルターゼを作用させたときの酵素反応の生成物にさらにチマーゼを作用させると，(　**d**　)とガスである(　**e**　)を生じる。

この反応系で，81gのデンプンを用いると(　**d**　)は(　**f**　)g得られる。

〔解答群〕

ア　α-グルコース　**イ**　β-グルコース　**ウ**　アミロース
エ　セロビオース　**オ**　デキストリン　**カ**　アミロペクチン
キ　グリセリン　**ク**　酢酸　**ケ**　エタノール　**コ**　乳酸
サ　二酸化炭素　**シ**　アンモニア　**ス**　メタンガス　**セ**　水

解説　デンプンは，α-グルコースが直鎖状の構造をもつ分子のアミロースと枝分かれ構造の分子のアミロペクチンからなる(最重要75－1)。デンプンはアミラーゼによってマルトース，マルターゼによってグルコースに加水分解され(最重要75－2)，さらに，チマーゼによるアルコール発酵で，エタノールと二酸化炭素を生じる(最重要70)。

$$(C_6H_{10}O_5)_n + nH_2O \longrightarrow nC_6H_{12}O_6$$

$$C_6H_{12}O_6 \longrightarrow 2C_2H_5OH + 2CO_2$$

また，上の式より，n〔mol〕のグルコースから$2n$〔mol〕のエタノールが生じる。

$C_6H_{10}O_5$＝162より，81gのデンプンの物質量は$\frac{81}{162n}$〔mol〕であり，

$2n \times \frac{81}{162n} = 1$ molのエタノールを生じる。C_2H_5OH＝46より，得られるエタノールの質量は46×1＝46g

答　a；ア　b；ウ　c；カ　d；ケ　e；サ　f；46

最重要 76

セルロースについて，次の**構造と反応**をおさえる。

デンプンとの違いに着目する。

1 **セルロース**は，*β*-グルコースが**直鎖状**の構造。

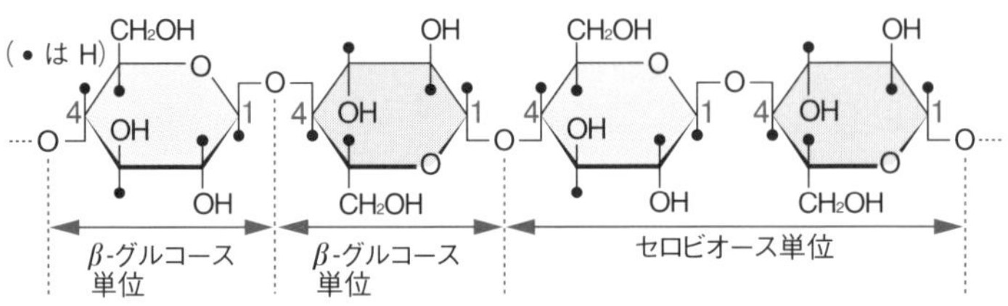

2 **セルロース**は，**希硫酸と加熱**すると次のように**加水分解**される。

セルロース ⟶ **セロビオース** ⟶ **グルコース**

$(C_6H_{10}O_5)_n$　　$C_{12}H_{22}O_{11}$　　$C_6H_{12}O_6$

解説 ▶セルロースは，**酵素セルラーゼ**によって加水分解されてセロビオースとなる。

▶セロビオースは*β*-グルコース２分子が脱水縮合したものであり，還元性を示す。

入試問題例　セロビオース　　星薬大

次の文中の**a**～**c**にあてはまる語句を記せ。

セロビオースは，セルロースを酵素（　**a**　）で加水分解することで得られる還元性の（　**b**　）二糖類である。セロビオースを希酸で加水分解すると生成する単糖類は（　**c**　）である。

解説 酵素は，反応する物質の語尾を「…アーゼ」に変えて呼ぶ(⇨p.100)。セロビオースは，マルトースと同様に還元性のある二糖類で，加水分解するとグルコースになる(最重要76－2)。

答 **a**；**セルラーゼ**　**b**；**ある**　**c**；**グルコース**

入試問題例　デンプン・セルロースと糖類　岡山大改

文章Ⅰ～Ⅴを読み，以下の問いに答えよ。

Ⅰ 穀類に多く含まれる多糖類**A**は，単糖類**B**が(　**a**　)重合したものであり，アミロースとアミロペクチンの混合物である。その水溶液は(　**b**　)反応によって青色～青紫色に呈色する。

Ⅱ 植物の細胞壁の主成分である多糖類**C**も，**B**がその構成単位であるが，(　**b**　)反応で呈色しない。**C**は水に不溶である。

Ⅲ 多糖類**A**と**C**は，構成する単糖類**B**の立体構造が異なっている。**A**または**C**に酸を加えて加水分解すると，ともに**B**の水溶液を生じる。①これらの**B**の水溶液は，3種類の異性体を含み，フェーリング液と反応して赤色沈殿を生じる。

Ⅳ **A**を酵素アミラーゼとマルターゼで加水分解すると，**B**を生じる。②この過程で，分子量が**A**よりもやや小さい多糖類が生じる。

Ⅴ **B**は，酵母の働きによって，エタノールと二酸化炭素に変換される。このような変化を(　**c**　)と呼ぶ。

(1) **A**～**C**に糖類の名称，**a**～**c**に適切な語句を記せ。

(2) Ⅲに関して，右図は**B**の立体異性体の1つを示しているが，**A**と**C**のどちらの多糖類の構成単位か答えよ。また，**A**と**C**を構成する**B**は，どの位置のヒドロキシ基が立体的に異なるか。図中の炭素の番号で答えよ。

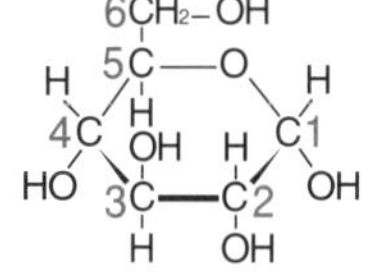

(3) Ⅲの下線部①はある官能基の性質を利用した反応である。官能基名とその性質を答えよ。

(4) Ⅳの下線部②で生じる多糖類の名称を答えよ。

(5) Ⅴの反応の化学反応式を記せ。

解説 (1) 穀類に多く含まれる多糖類はデンプン，植物の細胞壁の主成分はセルロースであり(最重要74)，どちらもグルコースが縮合重合した構造である。また，デンプンは，ヨウ素によって青～青紫色を呈する(ヨウ素デンプン反応)。グルコースは，アルコール発酵によって，エタノールと二酸化炭素が生じる。

(2) 炭素番号1と4のOHが同じ側(シス形)はα-グルコース，反対側(トランス形)はβ-グルコース。構成単位がα-グルコースはデンプン(**A**)，β-グルコースはセルロース(**C**)である(最重要74)。

(3) フェーリング液の還元反応で，グルコースの鎖状構造におけるホルミル基による(最重要68)。

(4) デンプンに酵素を作用させると，デキストリンやマルトースを経てグルコースになる。

答 (1) **A；デンプン　B；グルコース　C；セルロース　a；縮合　b；ヨウ素デンプン　c；アルコール発酵**　(2) 構成単位；**A**　番号；**1**

(3) 官能基；**ホルミル基(アルデヒド基)** 性質；**還元性**　(4) **デキストリン**

(5) $C_6H_{12}O_6 \longrightarrow 2C_2H_5OH + 2CO_2$

20 アミノ酸

α-アミノ酸 の構造は，次の 4 点をおさえる。

1 **α-アミノ酸** ⇨ R−CH−COOH（CH に NH_2 が結合）

$$\mathrm{R-\underset{\displaystyle NH_2}{\underset{|}{C}H}-COOH}$$

解説 ▶アミノ酸は，**アミノ基**$-NH_2$ と**カルボキシ基**$-COOH$ **をもつ化合物**であるが，とくに，同一の炭素原子にアミノ基とカルボキシ基が結合しているアミノ酸が**α-アミノ酸**である。

▶タンパク質を加水分解して得られるアミノ酸は，**すべてα-アミノ酸**である。

▶タンパク質を構成するα-アミノ酸は約20種である。このうち，体内で合成できないか，合成されにくく，食物から取り入れる必要があるアミノ酸を**必須アミノ酸**という。

2 **RがH ⇨ グリシン，RがCH_3 ⇨ アラニン**

補足 アミノ酸の反応式の例として，グリシンとアラニンがよく出題される。
← これらの構造式は書けるようにすること。

3 **R；**
- **−COOHを含む**（酸性アミノ酸）⇨ **グルタミン酸，アスパラギン酸**（← −COOHが２つ。）
- **$-NH_2$を含む**（塩基性アミノ酸）⇨ **リシン**（← $-NH_2$が２つ。）
- **ベンゼン環を含む** ⇨ **フェニルアラニン，チロシン**
- **Sを含む** ⇨ **システイン，メチオニン**

解説 α-アミノ酸の成分元素は，C，H，N，Oで，Sを含むものもある。

4 **グリシン以外のα-アミノ酸は鏡像異性体が存在。**

解説 $R-CH(NH_2)COOH$ において，RがHのグリシン以外は不斉炭素原子C^*をもつ。

最重要 78

α-アミノ酸の反応は次の5点が重要。

1

カルボキシ基$-COOH$**は酸性**
アミノ基$-NH_2$**は塩基性** ⇨ **両性化合物**

解説 酸・塩基いずれとも中和反応する。

$$R-CH(NH_2)COOH + HCl \longrightarrow R-CH(NH_3{}^+Cl^-)COOH$$

$$R-CH(NH_2)COOH + NaOH \longrightarrow R-CH(NH_2)-COO^-Na^+ + H_2O$$

2 結晶中では**双性イオン**$R-CH(NH_3{}^+)COO^-$として存在

（分子内塩）

解説 **双性イオンの生成**；$R-CH(NH_2)COOH \longrightarrow R-CH(NH_3{}^+)COO^-$ ← 融点が高く，水に溶けやすい。

3 水溶液中では，**双性イオン・陽イオン・陰イオン**の電離平衡
⇨ **正・負の電荷**が全体として**つりあうときのpH**が**等電点**。

解説 ▶ $R-CH(NH_3{}^+)-COOH$（陽イオン） $\underset{H^+}{\overset{OH^-}{\rightleftarrows}}$ $R-CH(NH_3{}^+)-COO^-$（双性イオン） $\underset{H^+}{\overset{OH^-}{\rightleftarrows}}$ $R-CH(NH_2)-COO^-$（陰イオン）

（酸性溶液中）小 ←── **pH** ──→ 大（塩基性溶液中）

▶**等電点**；pH＝6前後 ⇨ 中性アミノ酸（グリシン，アラニン）
pH＝3前後 ⇨ 酸性アミノ酸（グルタミン酸，アスパラギン酸）
pH＝10前後 ⇨ 塩基性アミノ酸（リシン）

4 カルボキシ基$-COOH$＋**アルコール** ⇨ **エステル化**
アミノ基$-NH_2$＋**無水酢酸** ⇨ **アセチル化**

解説 $R-CH(NH_2)COOCH_3 \xleftarrow[\text{エステル化}]{CH_3OH} R-CH(NH_2)COOH \xrightarrow[\text{アセチル化}]{(CH_3CO)_2O} R-CH(NHCOCH_3)COOH$

5 **ニンヒドリン溶液**と温めると**青紫～赤紫色**を呈する。

解説 **ニンヒドリン反応**といい，アミノ酸の検出に用いる。

入試問題例　アミノ酸

上智大改

アミノ酸に関して正しい記述はどれか。

① すべてのアミノ酸は，炭素，水素，酸素，窒素からなる。
② すべてのα-アミノ酸は，鏡像異性体をもつ。
③ タンパク質を加水分解して生じるアミノ酸は，α-アミノ酸である。
④ すべてのアミノ酸は，官能基としてアミノ基とカルボキシ基のみをもつ。

解説　① システインのように硫黄を含むアミノ酸もある(最重要77－3)。
② グリシンは鏡像異性体をもたない(最重要77－4)。← RがHで不斉炭素原子をもたない。
③ タンパク質を加水分解して生じるアミノ酸は，すべてα－アミノ酸である(最重要77－1)。
④ $-NH_2$や$-COOH$の他にも$-OH$や$-SH$などの基をもつアミノ酸がある。

答　③

入試問題例　アミノ酸の水溶液

鹿児島大

次の文の空欄に適切な用語を記せ。**d**，**e**，**g**は下の**ア**～**エ**より選べ。

アミノ酸は分子内に塩基性を示す(**a**)基と酸性を示す(**b**)基の両者をもつ。このような化合物を(**c**)化合物という。アミノ酸は水溶液中でいくつかのイオンの形をとる。グリシンを例にすると，酸性溶液中ではおもに(**d**)の形，塩基性溶液中ではおもに(**e**)の形となる。アミノ酸の酸としての電離度と塩基としての電離度が等しくなるとき，すなわち，電離によって生じる1分子中の正負の電荷が等しくなるときのpHの値を(**f**)といい，そのときのグリシンはおもに(**g**)の形となっている。

ア　$H_3N^+-CH_2-COOH$　　**イ**　$H_2N-CH_2-COO^-$
ウ　$H_3N^+-CH_2-COO^-$　　**エ**　H_2N-CH_2-COOH

解説　アミノ基は塩基性，カルボキシ基は酸性(最重要78－1)。双性イオンは，酸性ではH^+が結合して陽イオンに，塩基性ではH^+を失って陰イオンの形となる(最重要78－3)。

答　**a；アミノ**　**b；カルボキシ**　**c；両性**　**d；ア**　**e；イ**
f；等電点　**g；ウ**

最重要 79

アミノ酸の電離平衡からpHを求める問題が出る。

計算パターンは，
電離定数を示す式 → 水素イオンの濃度 → pH

例 グリシンの陽イオン$H_3N^+-CH_2-COOH$をA^+，双性イオン$H_3N^+-CH_2-COO^-$を$A^\pm$で表すと，$A^+ \rightleftarrows A^\pm + H^+$

この電離定数をK_1とすると，$K_1 = \frac{[A^\pm][H^+]}{[A^+]}$

ここから，$[H^+]$の値を求め，$pH = -\log_{10}[H^+]$によりpHを求める。

入試問題例 アミノ酸のpH 岩手大改

水溶液中のグリシンは，**A**，**B**，**C**の３種類の形が存在する。酸性の水溶液では**A**が多く存在し，中性に近い水溶液では**B**が多く存在し，塩基性の水溶液では**C**が多く存在する。このように，溶液のpHにより，**A**，**B**，**C**の割合が変化する。以下の問題に答えよ。

(1) **B**は１分子のなかに正負の電荷をあわせもつイオンである。このようなイオンの名称を書け。

(2) **A**と**B**は次の電離平衡が成立する。**B**のモル濃度が**A**のモル濃度の２倍に等しいときのpHを有効数字３桁で求めよ。K_1は電離定数である。$\log_{10}2 = 0.300$

$\mathbf{A} \rightleftarrows \mathbf{B} + H^+ \qquad K_1 = 4.00 \times 10^{-3}\,\text{mol/L}$

解説 (1) グリシンは酸性水溶液中では陽イオン**A**，中性では双性イオン**B**，塩基性水溶液中では陰イオン**C**として存在する。

(2) 電離定数K_1は次式で表される。

$$K_1 = \frac{[\mathbf{B}][H^+]}{[\mathbf{A}]}$$

Bのモル濃度が**A**のモル濃度の２倍なので，$[\mathbf{B}] = 2[\mathbf{A}]$

したがって，$[H^+] = \frac{[\mathbf{A}]}{2[\mathbf{A}]} \times K_1 = \frac{4.00 \times 10^{-3}}{2} = 2.00 \times 10^{-3}\,\text{mol/L}$

よって，$pH = -\log_{10}(2.00 \times 10^{-3}) = 3.00 - \log_{10}2 = 2.70$

答 (1) **双性イオン**

(2) **2.70**

最重要 80

アミノ酸からのペプチド結合の形成をおさえる。

1 α-アミノ酸の分子間の−COOHと−NH_2の**脱水縮合**
⇨ −CO−NH−；ペプチド結合

解説 アミノ酸からできるアミド結合−CO−NH−を**ペプチド結合**といい，生成した化合物を**ペプチド**という。

2 2個のアミノ酸分子の縮合したもの ⇨ ジペプチド

3個のアミノ酸分子 ⇨ トリペプチド

多数のアミノ酸分子 ⇨ ポリペプチド

解説

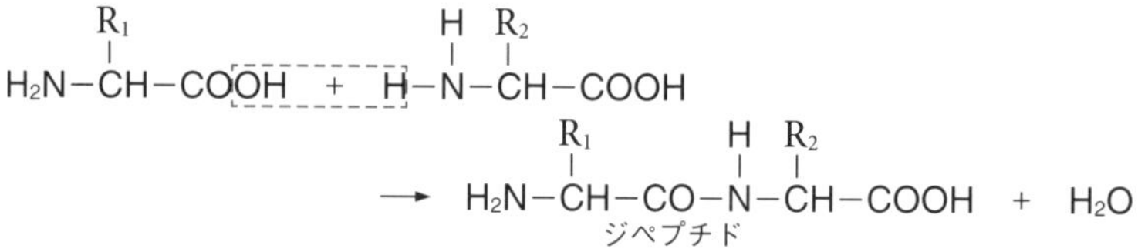

$$H_2N-CH(R_1)-CO\boxed{OH \;+\; H}-N(H)-CH(R_2)-COOH$$

$$\longrightarrow H_2N-CH(R_1)-CO-N(H)-CH(R_2)-COOH \;+\; H_2O$$

ジペプチド

例題 ジペプチド

グリシンとアラニンからなるジペプチドの構造式を2つ書け。

解説 グリシンのカルボキシ基とアラニンのアミノ基，グリシンのアミノ基とアラニンのカルボキシ基からそれぞれ脱水縮合したジペプチドの2つである。

答

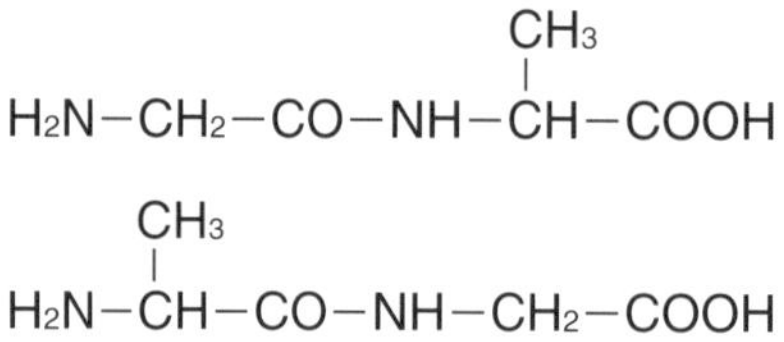

$$H_2N-CH_2-CO-NH-CH(CH_3)-COOH$$

$$H_2N-CH(CH_3)-CO-NH-CH_2-COOH$$

21 タンパク質

タンパク質の構造では，α-アミノ酸の縮合重合であることとらせん構造がポイント。

1 タンパク質を加水分解すると，種々のアミノ酸が生成。

一般に分子量１万以上のポリペプチド

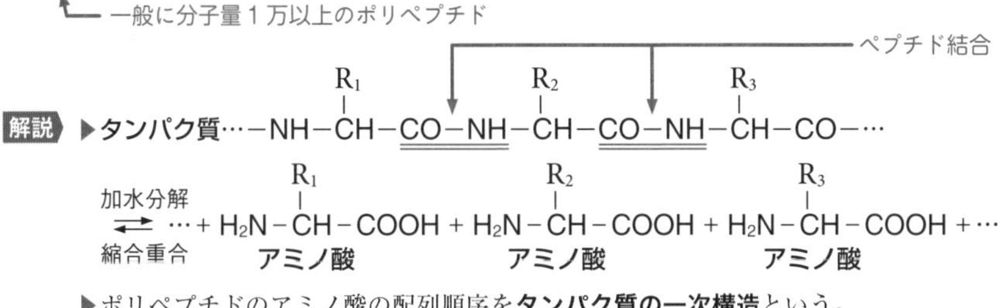

▶ポリペプチドのアミノ酸の配列順序を**タンパク質の一次構造**という。

2 タンパク質分子は，らせん構造(α-ヘリックス)をとることが多い。

⇨ **分子間の** ＞C＝O と ＞NH 間の**水素結合**による。＞C＝O…H－N＜

解説 このらせん構造を**タンパク質の二次構造**という。

入試問題例　タンパク質の構造

三重大 改

タンパク質は，多数のアミノ酸が（　**a**　）結合によって結合したものである。タンパク質の基本構造のひとつとしてα-ヘリックスがある（図1）。この構造ではポリペプチド中のアミノ酸がらせん状に並んでおり，構造が安定化される。らせんの1回の巻き（ピッチ）の軸方向（z軸方向）の長さは0.54 nm（$1\,nm = 10^{-9}\,m$）で，1回転（360°）あたり3.6個のアミノ酸からなる。2本のα-ヘリックスがねじれあった構造（図2）はさらに強固な構造になる。

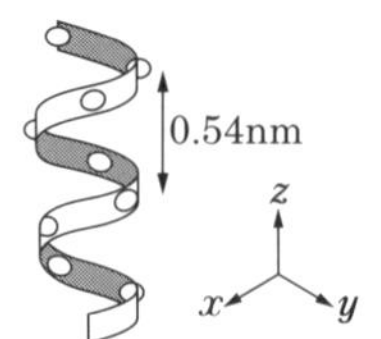

図1　α-ヘリックス構造の模式図（丸は不斉炭素原子）

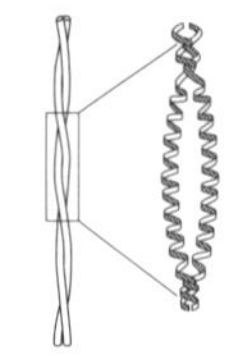

図2　2本のα-ヘリックスがねじれあった構造の模式図

⑴ 空欄**a**にあてはまる用語を記せ。

⑵ 下線部を図示したい。右上図の空白部分を埋めよ。R_1，R_2はアミノ酸の側鎖を表す。

⑶ 2本のα-ヘリックスがねじれあった構造（図2）からなるタンパク質があり，その全体の分子量は7.0×10^4である。このタンパク質を構成するアミノ酸1分子の平均の分子量を1.1×10^2と仮定して，このタンパク質の長さ（図1のα-ヘリックスのz軸方向の長さ）を有効数字2桁で計算せよ。

解説　⑴・⑵ アミノ酸のアミド結合−CO−NH−は，ペプチド結合という（最重要80）。

⑶ α-ヘリックス（最重要81−2）1本の分子量は，$\dfrac{7.0\times10^4}{2}=3.5\times10^4$

α-ヘリックス1本に含まれるアミノ酸の数は，$\dfrac{3.5\times10^4}{1.1\times10^2}\fallingdotseq 3.18\times10^2$個

1回巻きの長さは0.54 nmより，$0.54\times\dfrac{3.18\times10^2}{3.6}\fallingdotseq 48\,nm$

答　⑴ **ペプチド**

⑵
```
−C−N−     (−N−C−)
 ‖  |       |  ‖
 O  H       H  O
```

⑶ **48 nm**

タンパク質の分類は，次の2パターン。

1
{ **単純タンパク質**；加水分解で**アミノ酸だけ**を生じる。
複合タンパク質；加水分解で**アミノ酸以外のもの**も生じる。

解説 ▶**単純タンパク質の例**；アルブミン，グロブリン，ケラチン，コラーゲン，フィブロイン

▶**複合タンパク質の例**；核タンパク質，糖タンパク質(ムチン)，リンタンパク質(カゼイン)，色素タンパク質(ヘモグロビン)

2
{ **繊維状タンパク質**；タンパク質分子が**繊維状**。
球状タンパク質；タンパク質分子が**球状**。

解説 ▶**繊維状タンパク質**；水や溶媒に溶けにくい。
例 ケラチン(髪・羊毛)，フィブロイン(絹)，コラーゲン(骨)

▶**球状タンパク質**；水などに溶けるものが多い。
例 アルブミン(卵白)，グロブリン(卵白)

複合タンパク質の多くは球状タンパク質である。

例題 **タンパク質の種類**

次のタンパク質**ア**～**カ**のうち，①～③にあてはまるものをすべて選べ。

ア グロブリン　**イ** ケラチン　**ウ** フィブロイン　**エ** カゼイン
オ アルブミン　**カ** ヘモグロビン

① 単純タンパク質で繊維状タンパク質
② 単純タンパク質で球状タンパク質
③ 複合タンパク質で球状タンパク質

解説 複合タンパク質は球状タンパク質と考える。

答 ① **イ**，**ウ**
② **ア**，**オ**
③ **エ**，**カ**

タンパク質の次の反応・検出は，その反応名とともに意味や原理も確実に覚える。

1 タンパク質の変性；

タンパク質を加熱したり，**酸・塩基**，**重金属イオン**，**アルコール**を加えると**凝固**し，**性質が変わる**。

⇨ **タンパク質分子間の水素結合の組み替え**による。

解説 ▶ペプチド結合は変化がなく，水素結合が変化した。

一次構造は変化がない。　二次構造が変化。

▶グロブリンなどの球状タンパク質の水溶液に，$MgCl_2$ などの電解質を多量加えると沈殿する。この場合は，親水コロイドの塩析である。

2 ビウレット反応；

タンパク質水溶液に NaOH **水溶液**と $CuSO_4$ **水溶液**を加える（少量）

⇨ **赤紫色** ⇨ **2つ以上のペプチド結合**をもつ分子に見られる。

Cu^{2+}の錯イオンの色。　すべてのタンパク質に見られる。

3 キサントプロテイン反応；

タンパク質に**濃硝酸**を加えて**加熱**

⇨ **黄色沈殿** ⇨ **アンモニア水**で**塩基性**にする ⇨ **橙黄色**

⇨ **黄色は，ベンゼン環のニトロ化**による。← すべてのタンパク質ではない。

解説 フェニルアラニンやチロシンなどベンゼン環をもつα-アミノ酸から構成されているタンパク質に見られる反応である。

4 ニンヒドリン反応；

タンパク質には，**ニンヒドリンと煮沸して冷却**すると**青紫～赤紫色を**呈するものがある。

解説 ニンヒドリン反応は，アミノ酸の検出反応でもあり，タンパク質を構成するアミノ酸のアミノ基によって呈色する。

最重要 84

成分元素の検出としては，次のSとNの場合だけ，知っていればよい。

1 **Sの検出**；Sを含むタンパク質水溶液に**NaOH水溶液**を加えて**加熱**
⇨ **酢酸鉛(Ⅱ)水溶液**を加える ⇨ **黒色沈殿** ← すべてのタンパク質ではない。

解説 黒色沈殿は硫化鉛(Ⅱ)PbSによる。$Pb^{2+} + S^{2-} \longrightarrow PbS\downarrow$

2 **Nの検出**；タンパク質に**NaOHの固体**を加えて**加熱**
⇨ **発生する気体が赤色リトマス紙を青変** ⇨ **NH_3の発生** ← すべてのタンパク質に見られる。
（塩基性の気体はNH_3のみ。）

解説 タンパク質には，窒素が平均約16％含まれている。

入試問題例 タンパク質とアミノ酸 名城大改

次の文章を読み，各設問に答えよ。

4個のα-アミノ酸(リシン，フェニルアラニン，アスパラギン酸，システイン)が縮合したペプチド**X**がある。この化合物は，**a**水酸化ナトリウム水溶液を加えて塩基性にした後，薄い硫酸銅(Ⅱ)水溶液を加えると，(　**ア**　)結合部位でCu^{2+}と配位結合を形成して(　**イ**　)色を呈する。ペプチド**X**は下に示す**A**～**D**のα-アミノ酸が(N末端)**A**－**B**－**C**－**D**(C末端)の順に並んでいる。

A；**b**濃硝酸を加えて加熱した後にアンモニア水を加えて塩基性にすると(　**ウ**　)色を呈する中性のα-アミノ酸

B；**c**酢酸鉛(Ⅱ)水溶液を加えると硫化鉛(Ⅱ)の(　**エ**　)色沈殿を生じる中性のα-アミノ酸

C；2つのアミノ基を有する塩基性のα-アミノ酸

D；加熱により酸無水物が形成される酸性のα-アミノ酸

(1) 下線部**a**，**b**の反応名をそれぞれ答えよ。

(2) 下線部**c**の反応に最も適するα-アミノ酸はペプチド**X**に含まれる4つのα-アミノ酸のうちどれか。

(3) 空欄**ア**～**エ**に適する語句を答えよ。

(4) ペプチド**X**に含まれるヒトの必須アミノ酸をすべて答えよ。

(5) ジペプチドの水溶液中では，α-アミノ酸と同様に，陽イオン，双性イオン，陰イオンが平衡状態にあり，pHの変化によりその組成が変わる。2分子のグリシンが縮合したジペプチドについて双性イオンの構造式を書け。

解説 (1)〜(3) ビウレット反応は，2つのペプチド結合にCu^{2+}が配位結合して赤紫色を呈する(最重要83−2)。キサントプロテイン反応はアミノ酸に含まれるベンゼン環がニトロ化されることで橙黄色を呈する(最重要83−3)。硫黄を含むアミノ酸を成分にもつタンパク質に酢酸鉛(Ⅱ)水溶液を加えると，黒色の硫化鉛(Ⅱ)が沈殿する(最重要84−1)。

(2) 硫黄を含むアミノ酸なので，**B**のα-アミノ酸はシステインである。

(4) ペプチド**X**に含まれるα-アミノ酸のなかでヒトの必須アミノ酸であるものは，リシンとフェニルアラニンである。

(5) 一方のグリシンのアミノ基ともう一方のグリシンのカルボキシ基でペプチド結合が形成される(最重要80−2)。双性イオンなので，両端は$-NH_3^+$と$-COO^-$となっている。

答 (1) **a；ビウレット反応　b；キサントプロテイン反応**

(2) **システイン**

(3) **ア；ペプチド　イ；赤紫　ウ；橙黄　エ；黒**

(4) **リシン，フェニルアラニン**

(5) $^{+}H_3N-CH_2-\underset{\underset{O}{\|}}{C}-NH-CH_2-\underset{\underset{O}{\|}}{C}-O^-$

22 酵素

最重要 85 まず，酵素の成分と働きを知ること。

1 **酵素**は，**タンパク質**を**主体**とした物質である。

補足 タンパク質以外の低分子量の物質(ビタミンなど)と結合することによって酵素として働くものもある。この低分子量の物質を**補酵素**という。

2 **酵素**は，**生体内**の**反応**の**触媒**である。← 生体内でつくられる。

解説 ▶生体内の反応が，おだやかな条件で速やかに行われるのは，酵素による。
▶酵素は，反応の活性化エネルギーを小さくし，反応速度を大きくする。
← 触媒の共通性。

最重要 86 酵素の3つの特性を確実におさえる。

1 **酵素**は，**特定の物質(基質)の特定の反応**にしか作用しない。
⇨ **酵素の基質特異性**

解説 アミラーゼは，デンプンの加水分解のみに働き，他の糖類に作用しない。

2 **酵素の反応**には，**最も適した温度**がある。
⇨ **最適温度**

解説 一般に，**35～40**℃付近で反応速度が最大になる。多くの酵素は60℃以上になると，タンパク質が変性し，その働きが失われる(**失活**という)。

3 **酵素の反応**には，**最も適したpH**がある。
⇨ **最適pH**

解説 一般に，**pH**が**7～8**付近でよく働くが，胃液中のペプシンなどはpH1～2で働く。

次の**酵素とその作用**は覚えておくこと。

酵　素	作用(反応物 ⟶ 生成物)	所　在
アミラーゼ	**デンプン ⟶ マルトース**	だ液，すい液
マルターゼ	**マルトース ⟶ グルコース**	腸液，だ液
インベルターゼ **(スクラーゼ)**	**スクロース ⟶ {グルコース, フルクトース}**	酵母，腸液
チマーゼ(群)	グルコース ⟶ エタノール，二酸化炭素（アルコール発酵）	酵母
セルラーゼ	**セルロース ⟶ セロビオース**	植物，菌類
ペプシン	タンパク質 ⟶ ペプチド	胃液
トリプシン	タンパク質 ⟶ ペプチド	すい液
リパーゼ	油脂 ⟶ 高級脂肪酸，モノグリセリド	すい液，胃液

補足 **酵素名**；原則として反応する物質の語尾を「アーゼ」に変える。
例 デンプン；**アミロース**(またはアミロペクチン) ⇨ **アミラーゼ**

例題　酵　素

酵素に関する次の記述①～⑤のうち，正しいものはどれか。

① アミラーゼは，デンプンやセルロースの加水分解に作用する酵素である。
② 酵素は複雑な構造をもつ多糖類である。
③ 酵素は生体内でつくられる触媒の一種である。
④ 一般に，酵素は温度が高いほど反応が活発である。
⑤ 一般に，酵素は酸性の溶液中で活発である。

解説 ① 酵素は作用する物質が決まっている。アミラーゼはデンプンのみに働く。
② 酵素はタンパク質を主体とする。
③ 酵素は生体内でつくられる触媒である。
④ 最適温度がある。
⑤ 酵素により最適pHがある。

答 ③

入試問題例　酵素と反応物・生成物　　九州大

次の文中の**a**〜**m**に適する語句を入れよ。

酵素は反応の(　**a**　)を低下させ，その結果，反応が促進する。しかし，酵素は，おもに(　**b**　)からなる物質であるため，これを加熱したり，酵素を含む溶液のpHを大きく変化させると変性し，その触媒作用を失う。

酵素(　**c**　)はデンプンを加水分解し，二糖類(　**d**　)を生成する。同様に，セルラーゼは多糖類(　**e**　)を加水分解し，二糖類(　**f**　)を生成する。二糖類(　**d**　)，(　**f**　)，(　**g**　)の分子式はいずれも$C_{12}H_{22}O_{11}$で示されることから，これらは互いに(　**h**　)と呼ばれる。このうち，(　**g**　)は還元性を示さないが，インベルターゼにより還元性を示す単糖類(　**i**　)と(　**j**　)に加水分解される。また，二糖類(　**d**　)は酵素(　**k**　)により，単糖類(　**i**　)に加水分解される。

酵素(　**l**　)は油脂を高級脂肪酸と(　**m**　)に加水分解する。

解説　**a**；触媒は，活性化エネルギーを小さくする(最重要85－**2**)。

b；酵素はタンパク質を主体とする(最重要85－**1**)。

c〜**k**；デンプンはアミラーゼによって加水分解されてマルトースに，セルロースはセルラーゼによってセロビオースとなる。二糖類のうち，還元性を示さないのはスクロースであり，インベルターゼによってグルコースとフルクトースとなる。

l・**m**；油脂はリパーゼによって加水分解されて高級脂肪酸とモノグリセリドとなる(最重要87)。

答　**a；活性化エネルギー**　**b；タンパク質**　**c；アミラーゼ**　**d；マルトース**
e；セルロース　**f；セロビオース**　**g；スクロース**　**h；異性体(構造異性体)**
i；グルコース　**j；フルクトース**　**k；マルターゼ**　**l；リパーゼ**
m；モノグリセリド

23 核酸

核酸の 構成成分 をおさえる。

1 核酸 ⇨ デオキシリボ核酸(DNA)とリボ核酸(RNA)。

解説 ▶はじめ細胞の核から見いだされ，酸性物質であることから核酸と名づけられた。
▶DNAは，細胞の核に存在し，RNAは核と細胞質の両方に存在する。

2 核酸は，多数のヌクレオチドが縮合重合した鎖状高分子化合物。⇨ ヌクレオチドは，糖，塩基，リン酸の各1分子が結合。

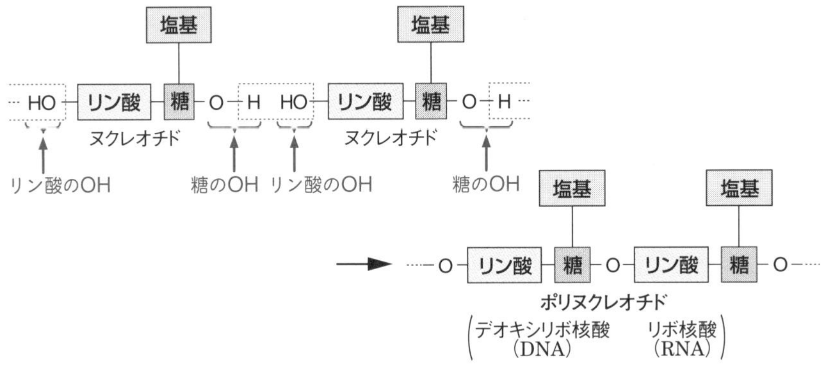

解説 核酸の成分元素は，C，H，N，O，Pである。

最重要 89 DNAとRNAの違いを確実に理解する。

1 ヌクレオチドの糖 { DNAはデオキシリボース $C_5H_{10}O_4$ / RNAはリボース $C_5H_{10}O_5$

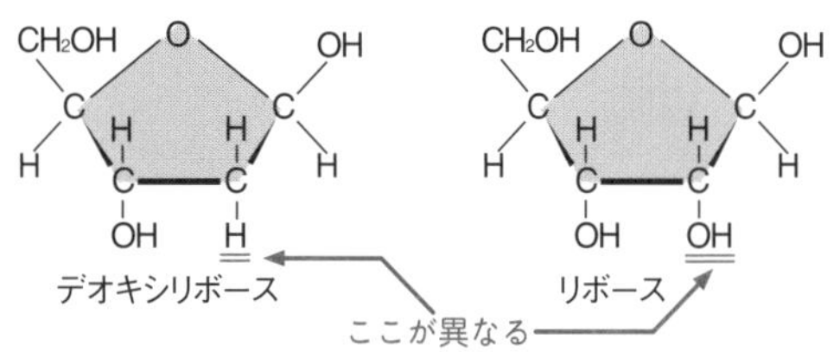

解説 デオキシリボース，リボースはともに五炭糖(ペントース)である。

← 炭素数が5つの単糖類。

2 ヌクレオチドの塩基は，チミン(T)とウラシル(U)が異なる。

解説 ▶塩基はともに4種類だが，1種類だけ異なる塩基が結合する。

DNA；アデニン(A)，グアニン(G)，シトシン(C)，チミン(T)

RNA；アデニン(A)，グアニン(G)，シトシン(C)，ウラシル(U)

▶いずれもN原子を含む環状構造でN−H結合をもつ。

3 { DNA；遺伝子の本体，2本の鎖状の分子 ⇨ 二重らせん構造 / RNA；タンパク質合成の手助け，1本の鎖状の分子

解説 ▶DNAの二重らせん構造は，水素結合により保たれている。このときの水素結合をつくる塩基の対はAとT，GとCの組み合わせと決まっている。

▶RNAは，伝令RNA(mRNA)，運搬(転移)RNA(tRNA)，リボソームRNA(rRNA)の3種類が知られている。遺伝情報を伝え，アミノ酸を運搬し，タンパク質を合成する。

← DNAの塩基の配列順で決まる。

入試問題例　塩基の割合　香川大

ある生物由来の2本鎖DNA分子の塩基組成(A, G, T, C)の割合を調べたところ，Aの割合は30%であった。このDNAのG, T, Cの割合はそれぞれ何%か求めよ。

解説　DNAはAとT，GとCの部分で水素結合が形成され，二重らせん構造が保たれている。よって，AとTの割合，GとCの割合は同じになるので，

Tの割合はAと同じ30%。GとCの割合はそれぞれ，$\frac{100-30\times2}{2}=20\%$

答　G：**20%**　T：**30%**　C：**20%**

例題　核酸の構造と働き

次の①～⑥の記述について，正しいものには○，誤っているものには×を記せ。

① 核酸は，細胞内のタンパク質合成の原料となる高分子化合物である。

② 核酸の成分元素は，C, H, O, N, Pである。

③ DNAとRNAの成分単位のヌクレオチドは，互いに異性体の関係にある。

④ タンパク質のアミノ酸の配列順は，DNAの遺伝情報によって決まる。

⑤ RNAは，遺伝情報を写しとったり，アミノ酸を運搬したり，タンパク質を合成したりする。

⑥ DNAとRNAは，ともに細胞の核のみに存在する。

解説　① 核酸は，タンパク質合成の原料ではなく，アミノ酸からタンパク質を合成する働きをする。

② 糖はC, H, O, リン酸にはP，塩基にはNが含まれる。

③ 糖はDNAが$C_5H_{10}O_4$（デオキシリボース），RNAが$C_5H_{10}O_5$（リボース）であり，塩基も1種違うなど分子式が異なり，異性体ではない。

④ タンパク質のアミノ酸の配列順は，DNAの塩基の配列順で決まる。

⑤ RNAには伝令RNAや運搬RNAなどがある。

⑥ DNAは細胞の核に存在するが，RNAは核と細胞質の両方に存在する。

答　① ×　② ○　③ ×　④ ○　⑤ ○　⑥ ×

24 ATP

ATP（アデノシン三リン酸）の働きをおさえる。

1 **ATPは，代謝において一時的に エネルギーを貯蔵する物質 。**

解説 生物は代謝によって得られるエネルギーを，ATPという物質の化学エネルギーに変換し，あらゆる生命活動に用いている。

2 **ATP → ADP…エネルギーを放出する反応。**
ADP → ATP…エネルギーを吸収する反応。

解説 ▶ATPは，リボースとアデニンと3つのリン酸が結合した化合物。ここから，リン酸が1分子とれたものがADP（アデノシン二リン酸）である。

▶ATPは次のように合成され，このとき31 kJ/molのエネルギーを吸収する。

$$ADP + H_3PO_4 \longrightarrow ATP + H_2O \quad \Delta H = 31\,kJ$$

例 題 呼吸により得られるエネルギー量

1 molのATPが加水分解されてADPに変わるとき，31 kJのエネルギーが放出され，このエネルギーが生命活動に利用される。呼吸における反応では，1 molのグルコースから水と二酸化炭素を生じ，38 molのATPが合成される。これにより合成されたすべてのATPがADPに変換されたときに放出されるエネルギーは，グルコースの完全燃焼で得られるエネルギーの何％に相当するか，有効数字2桁で求めよ。ただし，グルコースの燃焼エンタルピーを－2810 kJ/molとする。

解説 1 molのATPからADPへの変換で放出されるエネルギーは，31 kJであるから，エンタルピー変化を付した反応式で表すと，

$$ATP + H_2O \longrightarrow ADP + H_3PO_4 \quad \Delta H = -31\,kJ$$

38 molのATPがADPに変換されるときに放出されるエネルギーは，

$$31\,kJ/mol \times 38\,mol = 1178\,kJ$$

グルコース1 molの完全燃焼により2810 kJのエネルギーが放出されるので，

$$\frac{1178}{2810} \times 100 \fallingdotseq 42\,\%$$

答 **42％**

25 天然繊維・合成繊維

天然繊維は，次の2つを対比して覚える。

1 植物繊維；木綿・麻 ⇨ 成分；**セルロース**

2 動物繊維；絹・羊毛 ⇨ 成分；**タンパク質**

解説 絹（シルク）はフィブロイン，羊毛はケラチンで，どちらも繊維状タンパク質。

半合成繊維ではアセテート，再生繊維では2つのレーヨンをセルロースの関連でおさえておく。

1 半合成繊維；アセテート繊維 ⇨ 成分；**アセチルセルロース**

解説

ジアセチルセルロースをアセトン中で紡糸したものが**アセテート**である。

2 再生繊維（レーヨン） ⇨ 成分；**セルロース**

解説

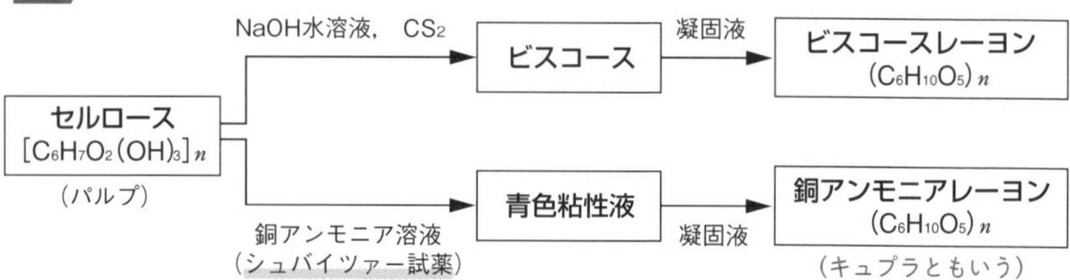

繊維の分類

			(成分)
天然繊維	植物繊維 ⇨ 木綿，麻		セルロース
	動物繊維 ⇨ 絹，羊毛		タンパク質
化学繊維	再生繊維 ⇨	ビスコースレーヨン	セルロース
		銅アンモニアレーヨン	セルロース
	半合成繊維 ⇨ アセテート繊維		アセチルセルロース
	合成繊維	ポリアミド系 ⇨ ナイロン	縮合重合
		ポリエステル系 ⇨ ポリエチレンテレフタラート	縮合重合
		ポリビニル系 ⇨ ビニロン，ポリアクリロニトリル	付加重合

入試問題例　半合成繊維と再生繊維　長崎大

セルロースに，酢酸と無水酢酸および少量の濃硫酸の混合物を作用させると，セルロースのヒドロキシ基はエステル化されて，トリアセチルセルロースになる。トリアセチルセルロースのエステル結合を部分的に加水分解して繊維にしたものを(**a**)という。セルロースを水酸化ナトリウム水溶液で処理した後，二硫化炭素と反応させると，(**b**)と呼ばれる粘性の高い溶液が得られる。これを細孔から希硫酸中に押し出して繊維を再生したものが(**c**)である。セルロースを銅アンモニア溶液に溶かし，これを希硫酸中に押し出して繊維を再生したものが(**d**)であり，(**e**)とも呼ばれる。

(1) 文中の**a**～**e**に適切な語句を記せ。

(2) 下線部の反応でトリアセチルセルロースを28.8g得るには，セルロースは何g必要か。原子量；H＝1.0，C＝12，O＝16

解説 (1) 最重要92による。

(2) $[C_6H_7O_2(OH)_3]_n \longrightarrow [C_6H_7O_2(OCOCH_3)_3]_n$において，分子量$162n$，$288n$より，求めるセルロースを$x$〔g〕とすると，$\dfrac{162n}{288n}=\dfrac{x}{28.8}$　$\therefore\ x=16.2\,g$

答 (1) **a；アセテート繊維　b；ビスコース　c；ビスコースレーヨン**
d，e；銅アンモニアレーヨン，キュプラ(順不同)

(2) **16.2g**

合成繊維では，縮合重合・付加重合それぞれ次の2種をおさえておく。

〔縮合重合による合成〕

1 ポリアミド系(−NH−CO−) ⇨ ナイロン66(ろくろく)，ナイロン6

nH$_2$N(CH$_2$)$_6$NH$_2$ + nHOOC(CH$_2$)$_4$COOH
ヘキサメチレンジアミン　アジピン酸

→（縮合重合） ‐[NH(CH$_2$)$_6$NH−CO(CH$_2$)$_4$CO]‐$_n$ + 2nH$_2$O
ナイロン66 ← C原子が6個と6個

n [(CH$_2$)$_5$ / CO−NH]（カプロラクタム） →（開環重合） ‐[NH(CH$_2$)$_5$CO]‐$_n$
ナイロン6 ← C原子が6個

補足 ナイロン6は，縮合重合ではないが，多数のアミド結合をもつポリアミドである。

2 ポリエステル系(−CO−O−) ⇨ ポリエチレンテレフタラート

nHOOC−C$_6$H$_4$−COOH + nHO(CH$_2$)$_2$OH
テレフタル酸　エチレングリコール

→（縮合重合） ‐[CO−C$_6$H$_4$−CO−O−(CH$_2$)$_2$−O]‐$_n$ + 2nH$_2$O
ポリエチレンテレフタラート

〔付加重合による合成〕ポリビニル系 ⇨ ビニロン，アクリル

3 ビニロン

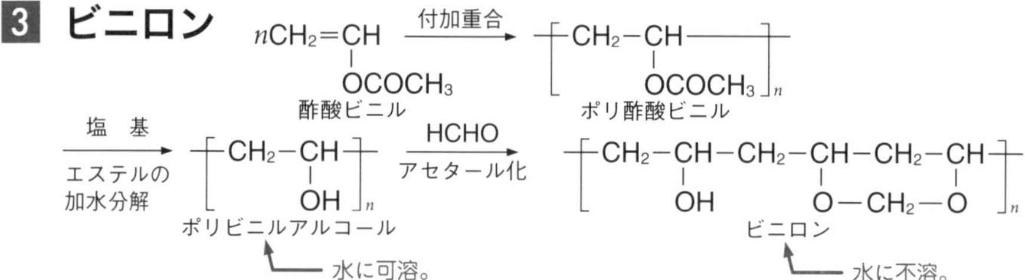

補足 ビニロンは，最初の国産合成繊維であり，また，よく出題される。
← 途中の経過も。

4 アクリル繊維

nCH$_2$=CH(CN) →（付加重合） ‐[CH$_2$−CH(CN)]‐$_n$
アクリロニトリル　ポリアクリロニトリル

補足 小さい分子の重合で生じる高分子を**重合体**(**ポリマー**)，小さい分子を**単量体**(**モノマー**)という。

入試問題例　合成繊維　富山大改

単量体の(　**a**　)により得られる合成繊維には，ポリアミド系繊維やポリエステル系繊維があり，それらの代表的なものとして，ナイロン66やポリエチレンテレフタラートなどがある。一方，単量体の(　**b**　)により得られる合成繊維には，ビニル系繊維やアクリル系繊維があり，それらの代表的なものとして，ビニロンやポリアクリロニトリルがある。

最初の国産合成繊維であるビニロンは，酢酸ビニルの(　**b**　)により得られる水に不溶な(　**c**　)を水酸化ナトリウムにより処理して水に可溶な(　**d**　)とし，この水溶液を細孔から濃い硫酸ナトリウム水溶液に押し出して繊維状とした後，(　**e**　)水溶液で処理(アセタール化)して水に溶けなくしたものである。

(1) 上の文章中の**a**～**e**に適した語句を記せ。

(2) ポリエチレンテレフタラートは何と何を反応させて合成されるか。物質名と構造式(略式)で記せ。

解説 (1) 最重要93にまとめたように，ポリアミド系繊維のナイロン66やポリエステル系繊維のポリエチレンテレフタラートは，単量体からH_2Oがとれて重合する縮合重合により得られる合成繊維である(最重要93－**1**，**2**)。ビニロンやポリアクリロニトリルは，単量体が付加重合して得られる合成繊維である。ビニロンは，酢酸ビニルが付加重合してポリ酢酸ビニルになり，これを塩基で加水分解して水に可溶なポリビニルアルコールとし，ホルムアルデヒドでアセタール化して水に不溶なビニロンとする(最重要93－**3**)。

答 (1) **a；縮合重合(縮重合)　b；付加重合　c；ポリ酢酸ビニル**
d；ポリビニルアルコール　e；ホルムアルデヒド

(2) **テレフタル酸**；HOOC−C_6H_4−COOH　**エチレングリコール**；$C_2H_4(OH)_2$

26 合成樹脂

合成樹脂(プラスチック)の分類は，次の熱的性質によることがポイント。

1 熱可塑性樹脂；**鎖状構造**をもつ**高分子化合物**からなる。

⇨ 加熱すると軟らかくなり，冷やすと硬くなる樹脂。

2 熱硬化性樹脂；**立体網目状構造**をもつ**高分子化合物**からなる。

⇨ 加熱すると硬くなり，再び加熱しても軟化しない樹脂。

熱可塑性樹脂には，次の 2 種類 がある。

1 付加重合でつくられる樹脂 ⇨ 熱可塑性樹脂である。

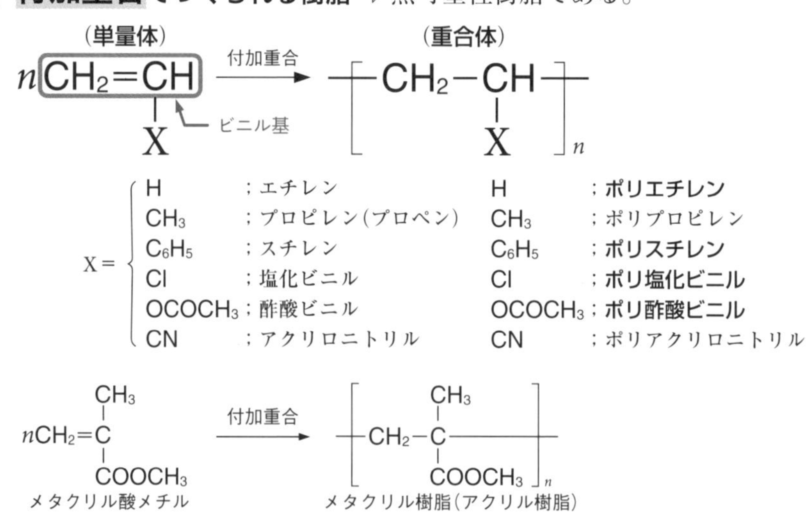

2 **縮合重合**でつくられる樹脂

ポリアミド　；ナイロン66
ポリエステル；ポリエチレンテレフタラート
} ← 熱可塑性樹脂

補足　付加重合でつくられる樹脂およびナイロン66，ポリエチレンテレフタラートは，いずれも鎖状構造の分子である。

最重要 96　**熱硬化性樹脂**は，次の **3種類** を覚えておく。

いずれもホルムアルデヒドを原料とし，分子は立体網目状構造となっている。

1 **フェノール樹脂**；フェノールC_6H_5OH

2 **尿素樹脂**；尿素$(NH_2)_2CO$

3 **メラミン樹脂**；メラミン$C_3N_3(NH_2)_3$

} と**ホルムアルデヒド** HCHOを**付加縮合**

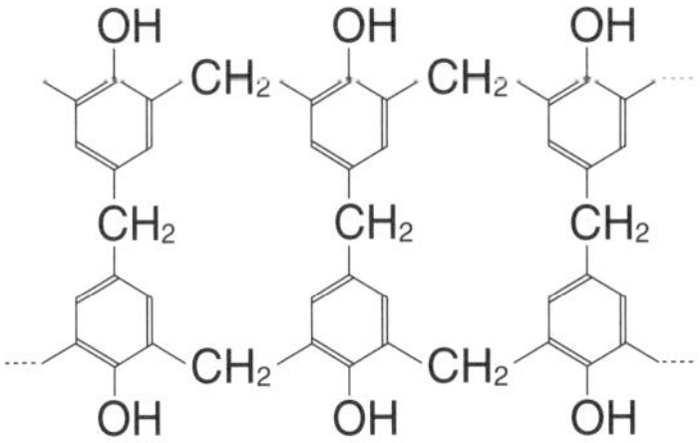

フェノール樹脂

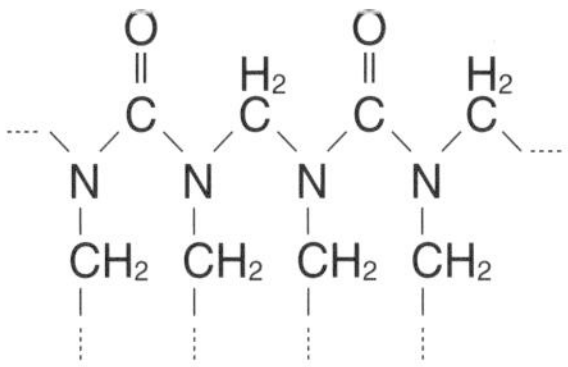

尿素樹脂

入試問題例　合成高分子化合物　信州大

合成高分子化合物A，B，Cについて次の文を読み，下の問いに答えよ。

構成元素としてAは炭素，水素のみを含み，Bは炭素，水素および酸素のみを含み，Cは炭素，水素，酸素および窒素のみを含む。AおよびBはベンゼン環を含む。AおよびBは加熱すると軟らかくなる（　a　）性樹脂であり，Cは重合する際に加熱することにより鎖と鎖の間の架橋が進行し硬化する（　b　）性樹脂である。Aは付加重合により生成し，Bは加水分解すると元の単量体が生成する。

(1) A～Cに対応する高分子化合物を次の**ア**～**ク**から1つ選び記号で記せ。

ア　ポリプロピレン　**イ**　ポリメタクリル酸メチル　**ウ**　ナイロン66
エ　尿素樹脂　**オ**　ポリエチレンテレフタラート　**カ**　ビニロン
キ　フェノール樹脂　**ク**　ポリスチレン

(2) 空欄a，bに最も適切な語句を入れよ。

(3) 下線部に対応する最も可能性の高い結合を，次の**ケ**～**シ**から1つ選べ。

ケ　$-COO-$　**コ**　$-CH_2-$　**サ**　$-CH_2O-$　**シ**　$-O-$

解説 (1)・(2) Aは炭化水素で，ベンゼン環をもち，加熱すると軟らかくなることから熱可塑性樹脂で，付加重合により生成することからポリスチレンである（**最重要95－1**）。

Bは炭素，水素，酸素からなり，ベンゼン環をもつ熱可塑性樹脂で，加水分解すると元の単量体になることからポリエチレンテレフタラートである（**最重要93－2**，**最重要95－2**）。

Cは炭素，水素，酸素，窒素からなり，加熱で硬化する熱硬化性樹脂であるから尿素樹脂である。

(3) 尿素樹脂は，尿素とホルムアルデヒドHCHOの付加縮合で生成し，$-CH_2-$で結合していることに着目する（**最重要96－2**）。

答 (1) A；**ク**　B；**オ**　C；**エ**
(2) a；**熱可塑**　b；**熱硬化**
(3) **コ**

27 イオン交換樹脂

最重要 97

イオン交換樹脂の次の基と反応を理解する。

1 陽イオン交換樹脂；$-SO_3H$ の H(H^+)と陽イオンが交換。

解説 ▶陽イオン交換樹脂に塩化ナトリウム水溶液を流した場合。

$$[A-SO_3\underline{\underline{H}}]_n + nNa^+ \longrightarrow [A-SO_3\underline{\underline{Na}}]_n + nH^+$$

陽イオン交換樹脂　　陽イオンの交換。

▶$-COOH$ をもつ陽イオン交換樹脂もあるが，出題は少ない。

2 陰イオン交換樹脂；$-N^+R_3OH^-$ の OH^- と陰イオンが交換。

解説 ▶$-N^+R_3OH^-$ の R はアルキル基であるが，R が CH_3 である場合の出題が多い。
▶陰イオン交換樹脂に塩化ナトリウム水溶液を流した場合。

$$[A-N^+(CH_3)_3\underline{\underline{OH^-}}]_n + nCl^- \longrightarrow [A-N^+(CH_3)_3\underline{\underline{Cl^-}}]_n + nOH^-$$

陰イオン交換樹脂　　陰イオンの交換。

入試問題例　陽イオン交換樹脂の反応　宇都宮大

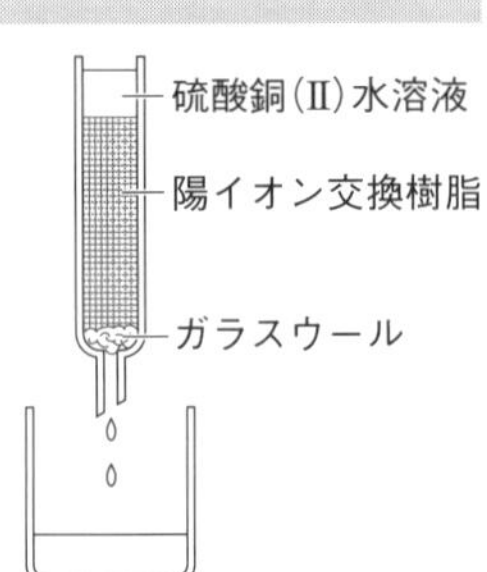

陽イオン交換樹脂を図のような円筒状のカラムにつめて，上部から硫酸銅(Ⅱ)水溶液をゆっくり流し，続いてよく水洗いし，流出液のすべてをビーカーにとった。

(1) カラムに通じた硫酸銅(Ⅱ)水溶液がイオン交換されたかどうかは，どのような点から判断できるか。

(2) 陽イオン交換樹脂を$R-SO_3H$で表すと，このイオン交換反応はどのように表されるか。

① そのイオン反応式を記せ。

② カラムの下部から何の水溶液が流出するか。

(3) 0.10 mol/Lの硫酸銅(Ⅱ)水溶液15 mLをカラムに通じ，カラム流出液のすべてを0.10 mol/Lの水酸化ナトリウム水溶液で中和滴定したとき，中和点までに要する液量は何mLか。ただし，すべてのCu^{2+}が捕らえられたものとする。

解説 (1) Cu^{2+}を含む水溶液中は青色であることに着目する。

(2) $R-SO_3H$のH^+と$CuSO_4$水溶液中のCu^{2+}が交換する。

(3) Cu^{2+} 1 molとH^+ 2 molが交換するから，要するNaOH水溶液をx〔mL〕とすると，

$$0.10\times\frac{15}{1000}\times 2 = 0.10\times\frac{x}{1000}\times 1 \qquad \therefore \quad x = 30\,\text{mL}$$

答 (1) **イオン交換されると，青色の水溶液が無色になる。**

(2) ① $\mathbf{2R-SO_3H + Cu^{2+} \longrightarrow (R-SO_3)_2Cu + 2H^+}$　② **硫酸**

(3) **30 mL**

アミノ酸とイオン交換樹脂の関係については，次のことをおさえておく。

1 **中性溶液中で**（pH6～8）
- 陽イオン交換樹脂に吸着 ⇨ **塩基性アミノ酸**
- 陰イオン交換樹脂に吸着 ⇨ **酸性アミノ酸**

解説 ▶**塩基性アミノ酸**；リシン $H_2N(CH_2)_4CH(NH_2)COOH$ ← NH_2基を2つもつ。
▶**酸性アミノ酸**；グルタミン酸 $HOOC(CH_2)_2CH(NH_2)COOH$ など（COOH基を2つもつ。）

2 **酸性溶液中**で，**陽イオン交換樹脂**に**吸着**
⇨ **中性アミノ酸**と塩基性アミノ酸

解説 ▶**中性アミノ酸**；グリシン $CH_2(NH_2)COOH$，アラニン $CH_3CH(NH_2)COOH$ など。
▶中性アミノ酸は，酸性水溶液中では陽イオンの状態となっている（⇨ *p.89*）。

3 **塩基性溶液中**で，**陰イオン交換樹脂**に**吸着**
⇨ **中性アミノ酸**と酸性アミノ酸

解説 中性アミノ酸は，塩基性水溶液中では陰イオンの状態となっている（⇨ *p.89*）。

例題 **アミノ酸とイオン交換樹脂**

次のアミノ酸**ア**～**ウ**のうち，下の①・②にあてはまるものを選べ。
ア アラニン $CH_3CH(NH_2)COOH$
イ リシン $H_2N(CH_2)_4CH(NH_2)COOH$
ウ グルタミン酸 $HOOC(CH_2)_2CH(NH_2)COOH$
① pH7の緩衝液中で，陰イオン交換樹脂に吸着するもの。
② pH2の緩衝液中で，陽イオン交換樹脂に吸着するもの。

解説 ① 中性溶液中で，陰イオンとなっているアミノ酸で，酸性アミノ酸であるグルタミン酸である（最重要98－**1**）。$^-OOC(CH_2)_2CH(NH_3^+)COO^-$
② 酸性溶液中で，陽イオンとなっているアミノ酸で，中性アミノ酸であるアラニンと塩基性アミノ酸であるリシンである（最重要98－**2**）。

答 ① **ウ**　② **ア**，**イ**

28 生ゴムと合成ゴム

最重要 99 生ゴム(天然ゴム)の構造と加硫をおさえる。

1 生ゴム$(C_5H_8)_n$；イソプレンC_5H_8が付加重合した構造。

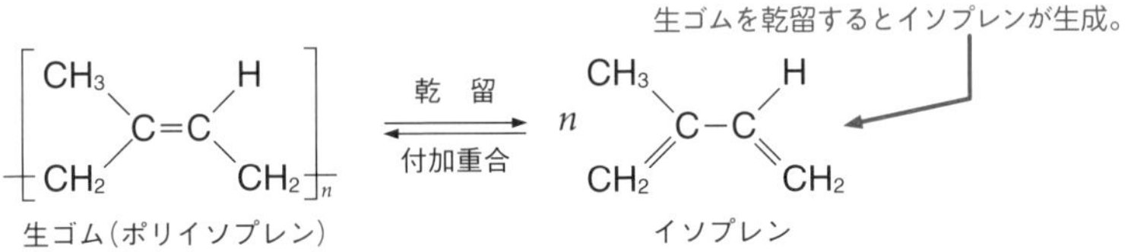

生ゴムを乾留するとイソプレンが生成。

$$\left[\begin{array}{c} CH_3 \quad\quad H \\ C=C \\ -CH_2 \quad\quad CH_2- \end{array}\right]_n \underset{付加重合}{\overset{乾留}{\rightleftarrows}} n\ \begin{array}{c} CH_3 \quad\quad H \\ C-C \\ CH_2= \quad\quad =CH_2 \end{array}$$

生ゴム(ポリイソプレン)　　　イソプレン

解説 ▶ゴムの木から得られた乳液を**ラテックス**という。これから凝析して得られるものが**生ゴム**(**天然ゴム**)である。

▶生ゴムでは，二重結合は上記のようにシス形となっている。

2 加硫；生ゴム＋硫黄 { 5～8％ ⇨ 弾性ゴム / 30～40％ ⇨ エボナイト }

解説 ▶生ゴムは，弾力性が小さく，耐熱性・耐寒性がないが，硫黄を加えて約140℃で加熱すると，弾力性が大きく，化学的にも機械的にも強い弾性ゴムとなる。この操作を**加硫**という。

▶**エボナイト**；弾力性のない樹脂状物質。

▶加硫によって，鎖状のゴム分子どうしは，二重結合の部分にS原子が橋を架ける形で結合する。⇨ **架橋構造**

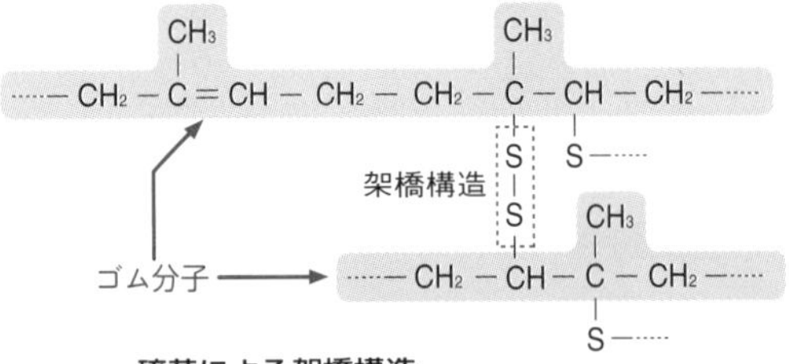

硫黄による架橋構造

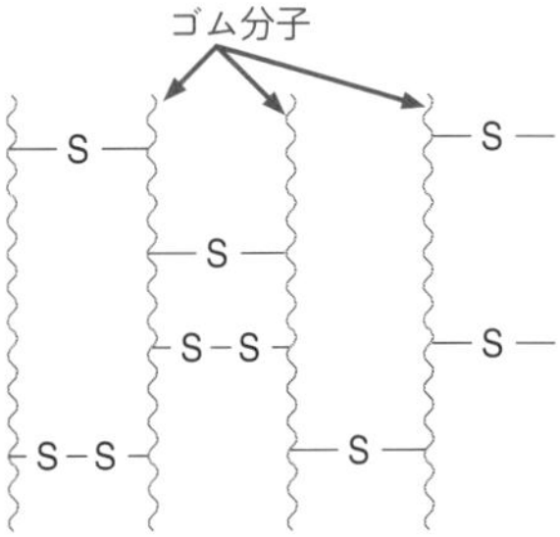

例題	ポリイソプレン(生ゴム)の構造

イソプレンC_5H_8が付加重合してできるポリイソプレン(生ゴム)では，イソプレン単位1個あたりに存在する二重結合の数は何個か。

解説 $n\mathrm{CH_2{=}C(CH_3){-}CH{=}CH_2} \xrightarrow{\text{付加重合}} \left[\mathrm{CH_2{-}C(CH_3){=}CH{-}CH_2}\right]_n$

イソプレン → ポリイソプレン

答 **1 個**

合成ゴムでは単量体の構造と共重合が重要。

1 合成ゴムの単量体 ⇨ $\mathrm{CH_2{=}CX{-}CH{=}CH_2}$

解説 ▶次のパターンで付加重合して合成ゴムを生成。

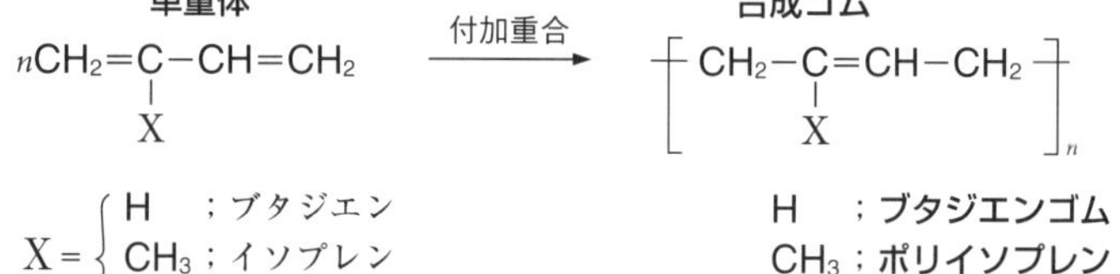

X = { H ；ブタジエン / CH_3 ；イソプレン / Cl ；クロロプレン }

H ；**ブタジエンゴム**
CH_3 ；**ポリイソプレン**
Cl ；**クロロプレンゴム**

▶ $\mathrm{CH_2{=}CH{-}CH{=}CH_2}$；C 原子が 4 個で「ブタ」，二重結合が 2 個で「ジエン」
⇨「ブタジエン」，正確には「1, 3−ブタジエン」。

2 共重合；2 種類以上の単量体が付加重合。

解説 ▶次のパターンで共重合する。

単量体 I（ブタジエン）　**単量体 II（ビニル化合物）**

$\mathrm{CH_2{=}CH{-}CH{=}CH_2} + \mathrm{CH_2{=}CH{-}A}$ ⇨ **合成ゴム**

A = { （ベンゼン環）；スチレン ⇨ スチレン-ブタジエンゴム（SBR） / CN；アクリロニトリル ⇨ アクリロニトリル-ブタジエンゴム（NBR） }

▶**スチレン-ブタジエンゴムの反応**

m $\mathrm{C_6H_5{-}CH{=}CH_2}$ ＋ $n\mathrm{CH_2{=}CH{-}CH{=}CH_2}$

スチレン　　ブタジエン

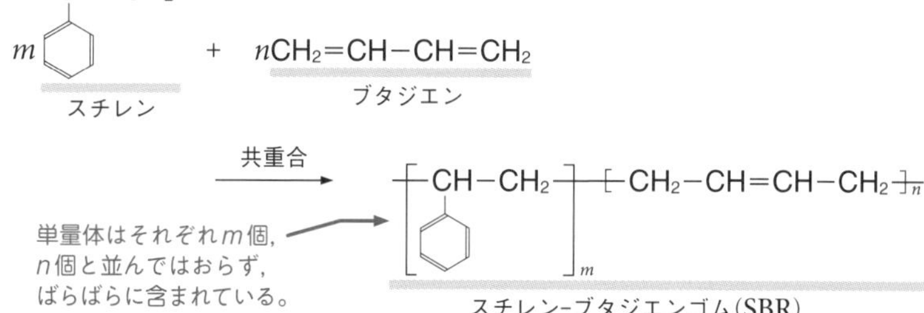

入試問題例　天然ゴムと合成ゴム　埼玉大

次の文章を読んで，問いに答えよ。原子量；N＝14.0，S＝32.1

ゴムの木から得られる乳白色の樹液(ラテックス)は，コロイド溶液であり，これに有機酸を加えて凝固させたものを生ゴムと呼ぶ。それをさらに数パーセントの硫黄を用いて適度に橋かけ構造をつくると弾性ゴムになる。その分子は，右図の構造のイソプレン(分子量68.0)が重合したポリイソプレンで，重合体に残る二重結合はシス形をしている。

H_3C＼C－CH＝CH_2（C＝CH_2）

同じようなジエン構造をもつ1,3－ブタジエン(分子量54.0)などを重合させたものが合成ゴムである。こうして得られたポリブタジエンゴムに，さらに堅さや粘り強さをもたせる目的で他の成分を加えて共重合することがある。たとえば，アクリロニトリル(分子量53.0)と共重合させると，耐油性に優れたアクリロニトリル－ブタジエンゴムが得られる。

(1) 図にならって，天然ゴムの構造式を書け。

(2) 硫黄で橋かけ構造をつくることを何と呼ぶか。その名称を書け。また，これによって，弾性ゴムはどのような性質をもつか。

(3) 生ゴムに30～40％の硫黄を用いて橋かけ構造をつくった硬質の物質は何か。

(4) ポリイソプレン425g中の二重結合の5.00％を使って橋かけ構造をつくるために必要な硫黄の質量を有効数字3桁で求めよ。ただし，橋かけは二重結合どうしを硫黄原子2個でつないでいるものとする。

(5) 単量体のアクリロニトリルとブタジエンをそれぞれ1：3の物質量比で共重合させたゴムには，質量にして何％の窒素が含まれているか。有効数字3桁で求めよ。

解説 (1) 天然ゴムは，イソプレン単位$-CH_2-C(CH_3)=CH-CH_2-$の二重結合がすべてシス形である(最重要99－1)。

(2)・(3) 生ゴムに硫黄を加えて架橋構造をつくる操作が加硫である。硫黄が数％では弾力性に富み，化学的・機械的に強い弾性ゴムになり，30～40％では弾力性がなくなりエボナイトとなる(最重要99－2)。

(4) 単位構造の式量は68.0で，単位構造に二重結合が1個あるから，

二重結合の物質量は，$\frac{425}{68.0}=6.25\,\text{mol}$，二重結合の炭素原子1個(両側で2個)あたり硫黄原子1個が結合するから，要する硫黄の質量は，

$32.1\times6.25\times2\times0.0500\fallingdotseq20.1\,\text{g}$

(5) この合成ゴムの構造は，$\{CH_2-CH=CH-CH_2\}_{3n}\{CH_2-CH(CN)\}_n$

ブタジエンの分子量は54.0，アクリロニトリルの分子量は53.0であるから，

Nの含有率は，$\frac{14.0n}{54.0\times3n+53.0n}\times100\fallingdotseq6.51\,\%$

答 (1) **右図**　(2) 名称；**加硫**　性質；**化学的にも機械的にも強くなり，弾力性が大きくなる。**

(3) **エボナイト**　(4) **20.1g**　(5) **6.51％**

$\left[\begin{array}{c} H_3C \quad\quad H \\ C=C \\ CH_2 \quad\quad CH_2 \end{array}\right]_n$

29 医薬品，染料

最重要 101 医薬品は，使われる目的によって **2 種類**に分けられる。

1 **化学療法薬**；**病気そのものを治す。**

解説 病原菌に直接作用して，病気の原因を取り除く。感染症などの治療に用いられる。

2 **対症療法薬**；**病気の症状を緩和する。**

解説 解熱剤や鎮痛剤など，病気の症状を緩和するために使われる。

最重要 102 **化学療法薬**は，次の **2 種類**を覚えておく。

1 **サルファ剤**；**スルファニルアミドの構造をもつ抗菌物質。**

解説 スルファニルアミド H_2N—⬡—SO_2NH_2 の構造をもち，病原菌の発育を阻害する。

2 **抗生物質**；**微生物によってつくられ，病原菌の活動を阻止する。**

解説 代表的な抗生物質として，アオカビから発見された**ペニシリン**がある。

最重要 103 **対症療法薬**は，次の **3 種類の構造式**を覚えておく。

サリチル酸（解熱鎮痛作用）**から** **アセチルサリチル酸**（解熱鎮痛剤），**サリチル酸メチル**（消炎鎮痛剤）**を合成。**

解説 ▶

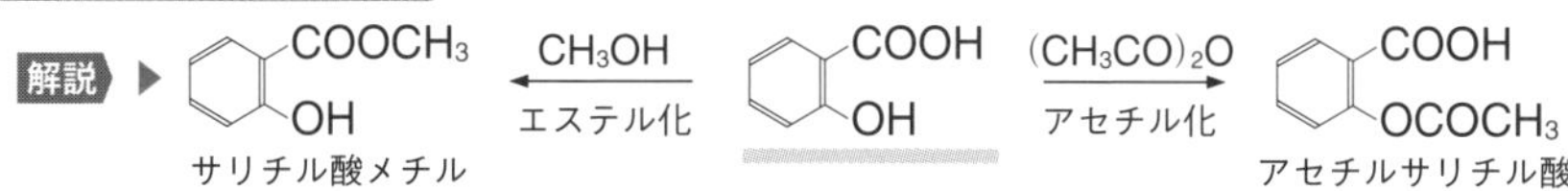

▶サリチル酸は薬理作用を示すが，胃に炎症を起こしやすい**副作用**があった。そこで，副作用が小さい**アセチルサリチル酸**が合成され，解熱鎮痛剤として利用されるようになった。

← 現在でもアスピリンの名前でよく使われている。

入試問題例　医薬品　秋田大改

医薬品のなかには，a 病原菌に直接作用して病気を治すのではなく，解熱薬や鎮痛薬のように病気の症状を緩和する医薬品がある。解熱鎮痛作用を示す医薬品分子の1つにサリチル酸がある。しかし，サリチル酸は副作用が強いため無水酢酸を用いて(　①　)された(　②　)が開発された。(　②　)はアスピリンの名前でよく使用されている。またサリチル酸をメタノールとエステル化させ，合成される医薬品分子の(　③　)は消炎鎮痛剤として湿布などに用いられている。

一方，細菌がもっている酵素に作用して細菌のはたらきを阻害し，病気の原因を直接治療する医薬品を化学療法薬という。ある種の微生物によって生産され，別の微生物の発育または代謝を阻害する物質を(　④　)といい，代表的な(　④　)としてフレミングにより発見されたペニシリンがある。また，ドーマクは赤色染料のプロントジルが抗菌作用をもつことを発見した。b プロントジルが体内で分解されてできる有効成分を骨格にもつ抗菌物質をサルファ剤という。

(1) 空欄①～④に入る最も適切な語句を下記の**ア**～**ケ**のなかから選べ。

ア　生薬　　**イ**　加水分解　　**ウ**　アセチルサリチル酸

エ　アスパラギン酸　　**オ**　安息香酸　　**カ**　消毒薬　　**キ**　抗生物質

ク　サリチル酸メチル　　**ケ**　アセチル化

(2) (　②　)，(　③　)の構造式を記せ。

(3) 下線部**a**の働きを示す医薬品は一般的に何と呼ばれるか，名称を記せ。

(4) 下線部**b**の有効成分の化合物名を記せ。

解説　(1) ①・② サリチル酸を無水酢酸を用いてアセチル化させると，アセチルサリチル酸が生成する。アセチルサリチル酸は，副作用のあったサリチル酸の代用として開発され，解熱鎮痛剤などとして現在でもよく使われている(最重要103)。

③ サリチル酸をエステル化させると，サリチル酸メチルが生成する。サリチル酸メチルは芳香のある液体で，消炎鎮痛剤として湿布などに使われる(最重要103)。

④ 化学療法薬のうち，微生物によってつくられ，他の微生物の成長や機能を阻害する物質を抗生物質という(最重要102－**2**)。

(2) サリチル酸はヒドロキシ基－OHとカルボキシ基－COOHをもつので，カルボン酸とフェノール類の両方の性質を示す(最重要55－**2**，103)。

(3) 病原菌に直接作用する化学療法薬に対して，病気の症状を緩和させる医薬品を対症療法薬という(最重要101－**2**)。

(4) サルファ剤はスルファニルアミド $H_2N-C_6H_4-SO_2NH_2$ を骨格にもつ抗菌物質である(最重要102－**1**)。

答　(1) ①**ケ**　②**ウ**　③**ク**　④**キ**　(2) ② ベンゼン環に $-COOH$ と $-OCOCH_3$（オルト位）　③ ベンゼン環に $-COOCH_3$ と $-OH$（オルト位）

(3) **対症療法薬**　(4) **スルファニルアミド**

染料は 天然染料 と 合成染料 の２つがあることをおさえておく。

1 天然染料には**植物染料**と**動物染料**がある。

解説 **植物染料**；インジゴ(アイの葉)：青，アリザリン(アカネの根)：赤

（インジゴ・アリザリン →）合成することもできる。

動物染料；カルミン酸(コチニール虫)：深紅

2 合成染料は**アゾ基－N＝N－**をもつ**アゾ染料**が広く用いられている。

解説 **アゾ染料**；メチルオレンジ，メチルレッド，コンゴーレッド

染料は，繊維の分子との結合方法によっても分類される。

染料の分子は**繊維の分子**と**水素結合**や**イオン結合**などで結びつく。

解説

染　料	特　徴	適した繊維
直接染料	**水素結合**で結びつく。	木綿
酸性染料	$-NH_2$基と**イオン結合**で結びつく。	絹，羊毛
塩基性染料	－COOH基と**イオン結合**で結びつく。	絹，羊毛
建染め(たてぞめ)染料	塩基性で還元して吸着させ，酸化して発色させる。	木綿，レーヨン
媒染(ばいせん)染料	繊維に金属塩を錯体として結合させ，金属イオンを仲介として色素と結合させる。	天然繊維
分散染料	界面活性剤で染料を微粒子として分散させて染色する。	合成繊維

30 重要実験器具・操作

最重要 106 次の**実験装置**とそれぞれの**器具名**をおさえておく。

炭素・水素の元素分析

試料(白金ボート中)
CuO
乾いたO_2
$CaCl_2$管
(H_2O吸収)
ソーダ石灰管
(CO_2吸収)
燃焼管
可動バーナー
固定バーナー
ソーダ石灰管はH_2Oも吸収するので$CaCl_2$管の後につなぐ

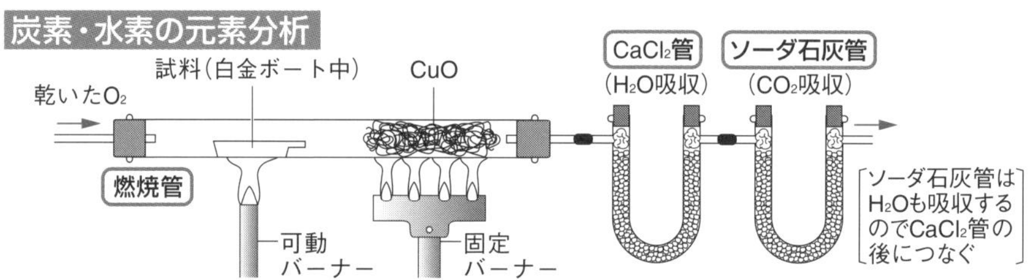

ジエチルエーテルなどの生成

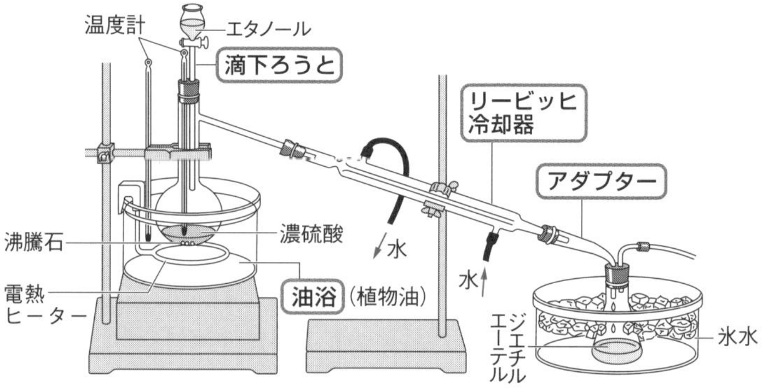

温度計
エタノール
滴下ろうと
リービッヒ冷却器
アダプター
沸騰石
濃硫酸
水
水
電熱ヒーター
油浴(植物油)
ジエチルエーテル
氷水

蒸留

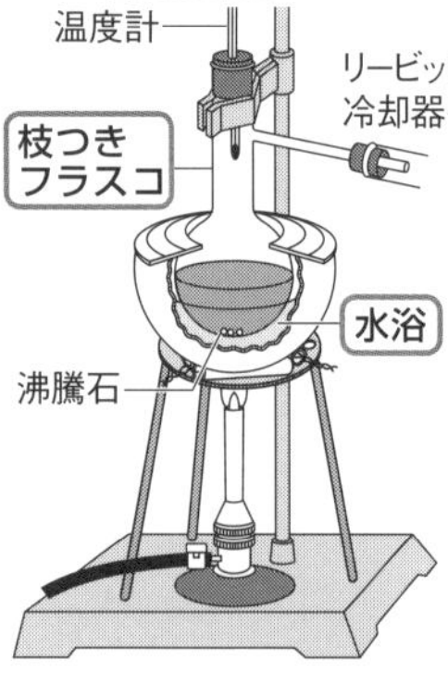

温度計
リービッヒ冷却器へ
枝つきフラスコ
水浴
沸騰石

分離

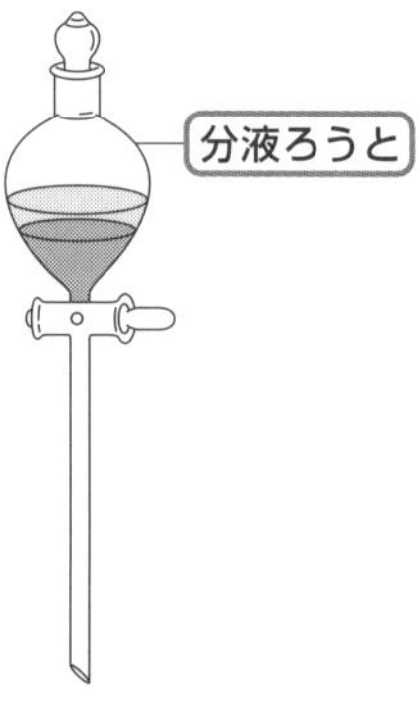

分液ろうと

吸引ろ過

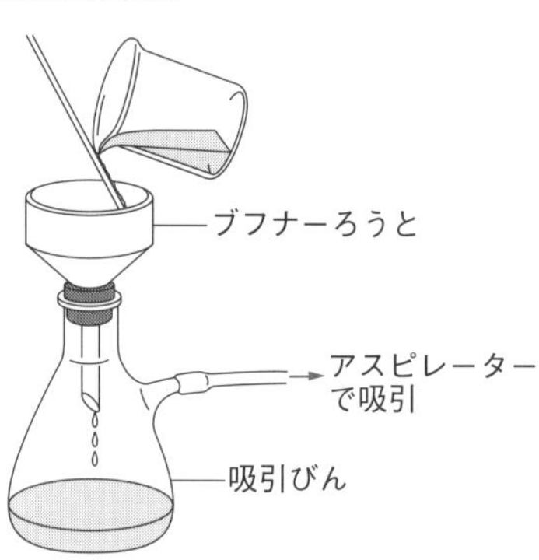

ブフナーろうと
アスピレーターで吸引
吸引びん

次の装置について，下の 4 か所がポイント。

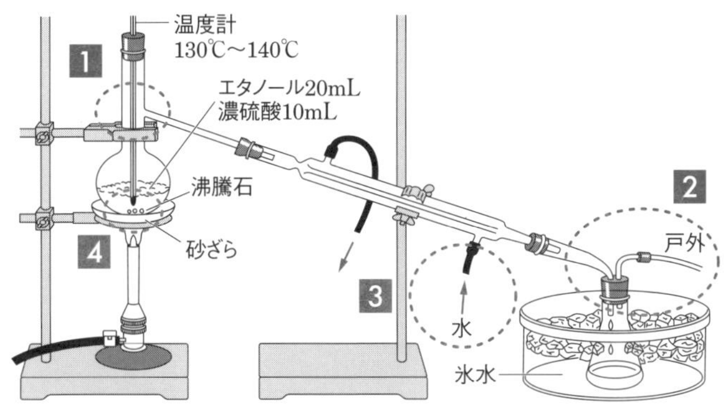

1 温度計の球部(最下端)の位置；

蒸留の場合 ⇨ 枝付きフラスコの枝口とする。
エーテルやエステルの生成の場合 ⇨ 溶液中に入れる。

解説 ▶蒸留の場合は，留出する蒸気の温度を測るため，球部は枝口とする。
▶上図はジエチルエーテルの生成であるから，温度計の球部は溶液中に入れる。

2 留出液の引火性と三角フラスコのふたの関係；

留出液が引火性の液体で，バーナーで加熱する場合
⇨ 穴あきゴム栓で密封し，図のように蒸気を戸外に導く。
留出液が引火性の液体でない場合，またはバーナーで加熱しない場合
⇨ アダプターを三角フラスコの口に入れ，密封しない。

解説 ▶上図は引火性のジエチルエーテルであり，バーナーで加熱しているから，図のように戸外へゴム管で導く。
▶エステルの生成では，引火性の液体でないから，ふたにアルミニウム箔などを用いる。
密封しない。

3 冷却器に流す水の方向 ⇨ 冷却器の下から上へ。

解説 上から下へ流すと，水は冷却器の下側を流れ，蒸気の通るガラス管は冷えない。

4 フラスコ中の沸騰石 ⇨ 突沸を防ぐ。

解説 沸騰石は，素焼きなど多孔質の固体で，沸騰がスムーズに行われる。

索引

た行

な行

は行

ま行

や行

□ 編集協力　向井勇揮
□ 本文デザイン　二ノ宮 匡（ニクスインク）
□ 図版作成　㈲デザインスタジオエキス．甲斐美奈子

シグマベスト
大学入試
有機化学の最重要知識
スピードチェック

著　者　目良誠二
発行者　益井英郎
印刷所　中村印刷株式会社
発行所　株式会社文英堂
〒601-8121　京都市南区上鳥羽大物町28
〒162-0832　東京都新宿区岩戸町17
(代表)03-3269-4231

●落丁・乱丁はおとりかえします。

付録

よく出る化学反応式(有機化合物編)

1 燃 焼

1 アルカン

(⇨ 最重要4－3)

$CH_4 + 2O_2 \longrightarrow CO_2 + 2H_2O$

2 ベンゼン

2 ⌬ $+ 15O_2 \longrightarrow 12CO_2 + 6H_2O$

3 アルコール

(⇨ 22－3)

$C_2H_5OH + 3O_2 \longrightarrow 2CO_2 + 3H_2O$

注 C, HまたはC, H, Oからなる化合物が完全に燃焼すると, CO_2とH_2Oが生じる。

2 置換反応

1 鎖式飽和炭化水素の置換反応

① メタン

(⇨ 5－2)

$CH_4 + Cl_2 \longrightarrow CH_3Cl + HCl$ (光を照射)

$CH_3Cl + Cl_2 \longrightarrow CH_2Cl_2 + HCl$ (光を照射)

$CH_2Cl_2 + Cl_2 \longrightarrow CHCl_3 + HCl$ (光を照射)

$CHCl_3 + Cl_2 \longrightarrow CCl_4 + HCl$ (光を照射)

② エタン

$C_2H_6 + Cl_2 \longrightarrow C_2H_5Cl + HCl$ (光を照射)

2 ベンゼン環の置換

(⇨ 48－2)

① ハロゲン化

⌬ $+ Cl_2 \longrightarrow$ ⌬$-Cl + HCl$ (触媒：Fe)

② ニトロ化

⌬ $+ HNO_3 \longrightarrow$ ⌬$-NO_2 + H_2O$ (濃硝酸・濃硫酸と加熱)

$$C_6H_5CH_3 + 3HNO_3 \longrightarrow C_6H_2(CH_3)(NO_2)_3 + 3H_2O$$

（濃硝酸・濃硫酸と加熱）

③ スルホン化

$$C_6H_6 + H_2SO_4 \longrightarrow C_6H_5\text{–}SO_3H + H_2O$$

（濃硫酸と加熱）

3 その他の置換反応

① OH基の置換 （⇨ 17－2）

$$2C_2H_5OH + 2Na \longrightarrow 2C_2H_5ONa + H_2\uparrow$$

注 上の反応から，化合物がヒドロキシ基をもつことが推定できる。

② アセチリドの生成

$$HC\equiv CH + 2Ag^+ \longrightarrow Ag\text{–}C\equiv C\text{–}Ag + 2H^+$$

$$HC\equiv CH + 2Cu^+ \longrightarrow Cu\text{–}C\equiv C\text{–}Cu + 2H^+$$

3 酸化還元反応

1 酸化反応

① 第一級アルコールの酸化 （⇨ 18－1）

$$CH_3CH_2OH + (O) \longrightarrow CH_3CHO + H_2O$$

② 第二級アルコールの酸化 （⇨ 18－2）

$$(H_3C)_2CHOH + (O) \longrightarrow (H_3C)_2CO + H_2O$$

注 第三級アルコールは酸化されにくい。

③ アルデヒドの酸化 （⇨ 30－1）

$$CH_3CHO + (O) \longrightarrow CH_3COOH$$

④ 芳香族の側鎖の酸化 （⇨ 51）

$$C_6H_5\text{–}CH_3 + 3(O) \longrightarrow C_6H_5\text{–}COOH + H_2O$$

$$C_6H_4(CH_3)_2 + 6(O) \longrightarrow C_6H_4(COOH)_2 + 2H_2O$$

$$C_{10}H_8 \xrightarrow{(O)} C_6H_4(CO)_2O$$

（触媒；V_2O_5）

$$C_6H_5-CH(CH_3)_2 + O_2 \longrightarrow C_6H_5-C(CH_3)_2-OOH$$

注 ナフタレンの酸化で無水フタル酸，クメンの酸化でクメンヒドロペルオキシドが生じる。

2 還元反応

① アルデヒド

$$CH_3CHO + 2(H) \longrightarrow CH_3CH_2OH$$

② アルケン (⇨ 8－1)

$$CH_2{=}CH_2 + H_2 \longrightarrow CH_3-CH_3$$

③ ニトロ化合物 (⇨ 58)

$$C_6H_5-NO_2 + 3H_2 \longrightarrow C_6H_5-NH_2 + 2H_2O$$ (触媒：Ni)

4 中和反応

1 有機酸と塩基の中和 (⇨ 62－2)

① カルボン酸

$$CH_3COOH + NaOH \longrightarrow CH_3COONa + H_2O$$

$$C_6H_5-COOH + NaOH \longrightarrow C_6H_5-COONa + H_2O$$

② フェノール類

$$C_6H_5-OH + NaOH \longrightarrow C_6H_5-ONa + H_2O$$

③ スルホン酸

$$C_6H_5-SO_3H + NaOH \longrightarrow C_6H_5-SO_3Na + H_2O$$

2 有機塩基(アミノ化合物)と酸の中和 (⇨ 62－1)

$$C_6H_5-NH_2 + HCl \longrightarrow C_6H_5-NH_3Cl$$

3 アミノ酸と酸・塩基の中和 (⇨ 78－1)

$$CH_3-CH(NH_2)-COOH + HCl \longrightarrow CH_3-CH(NH_3Cl)-COOH$$

$$CH_3-CH(NH_2)-COOH + NaOH \longrightarrow CH_3-CH(NH_2)-COONa + H_2O$$

5 付加反応

1 炭化水素

① エチレン （⇨ 8）

$$CH_2{=}CH_2 + Br_2 \longrightarrow CH_2Br{-}CH_2Br$$

$$CH_2{=}CH_2 + H_2O \longrightarrow CH_3{-}CH_2{-}OH$$ （触媒；リン酸）

② アセチレン （⇨ 12）

$$CH{\equiv}CH + H_2 \longrightarrow CH_2{=}CH_2$$

$$CH{\equiv}CH + H_2O \longrightarrow (CH_2{=}CHOH) \longrightarrow CH_3CHO$$ （触媒；$HgSO_4$）

$$CH{\equiv}CH + HCl \longrightarrow CH_2{=}CHCl$$

$$CH{\equiv}CH + CH_3COOH \longrightarrow CH_2{=}CH(OCOCH_3)$$

③ ベンゼン （⇨ 49）

$$C_6H_6 + 3H_2 \longrightarrow C_6H_{12}$$ （触媒；Ni）

$$C_6H_6 + 3Cl_2 \longrightarrow C_6H_6Cl_6$$ （日光または紫外線を照射）

注 ベンゼンとプロピレンからクメンが生じる反応は，プロピレンにベンゼンが付加した反応である。

$$CH_2{=}CH{-}CH_3 + C_6H_6 \longrightarrow (CH_3)_2CH{-}C_6H_5$$ （クメン）

2 不飽和脂肪酸 （⇨ 42）

$$\underset{\text{リノール酸}}{C_{17}H_{31}COOH} + 2H_2 \longrightarrow \underset{\text{ステアリン酸}}{C_{17}H_{35}COOH}$$

6 脱水反応

1 アルコールの脱水反応 （⇨ 21－1）

① 分子内脱水反応（濃硫酸 160～170℃）

$$\underset{\text{エタノール}}{C_2H_5OH} \longrightarrow \underset{\text{エチレン}}{C_2H_4} + H_2O$$

② 分子間脱水反応（濃硫酸 130～140℃）

$$\underset{\text{エタノール}}{2C_2H_5OH} \longrightarrow \underset{\text{ジエチルエーテル}}{C_2H_5OC_2H_5} + H_2O$$

注 上記は縮合反応でもある。

2 ジカルボン酸の脱水反応

① マレイン酸

(⇨ 31－2)

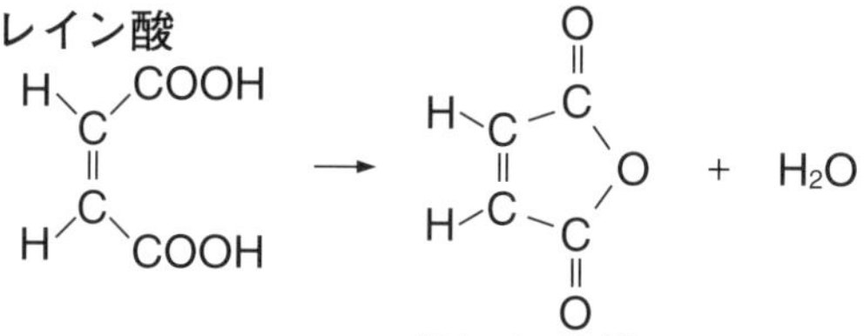

マレイン酸 → 無水マレイン酸 + H_2O

無水マレイン酸

② フタル酸

(⇨ 57－1)

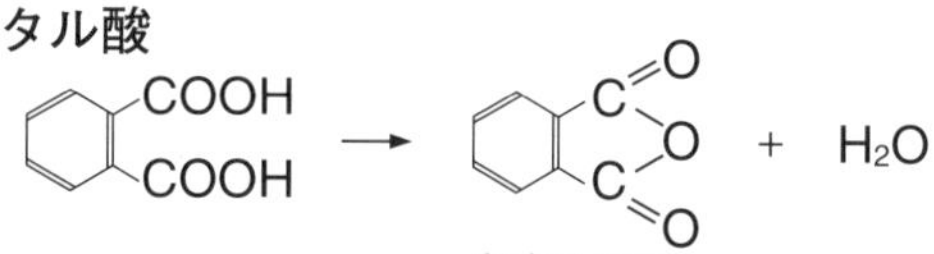

フタル酸 → 無水フタル酸 + H_2O

無水フタル酸

7 縮　合

1 エステル化

① アルコール

(⇨ 32－1)

$$C_2H_5OH + CH_3COOH \longrightarrow CH_3COOC_2H_5 + H_2O$$

酢酸エチル

$$C_3H_5(OH)_3 + 3HNO_3 \longrightarrow C_3H_5(ONO_2)_3 + 3H_2O$$

グリセリン　ニトログリセリン

注 硫酸や硝酸などの酸とアルコールの反応生成物もエステルになる。

② サリチル酸

(⇨ 55－2)

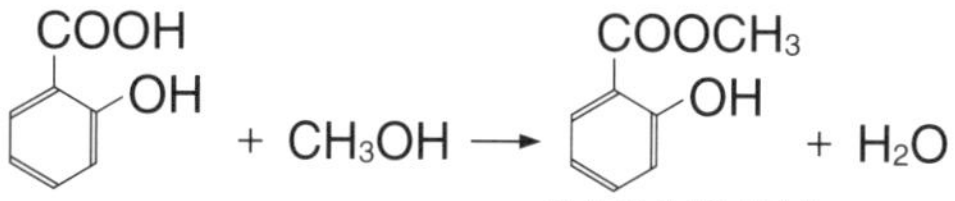

サリチル酸 + CH_3OH → サリチル酸メチル + H_2O

サリチル酸メチル

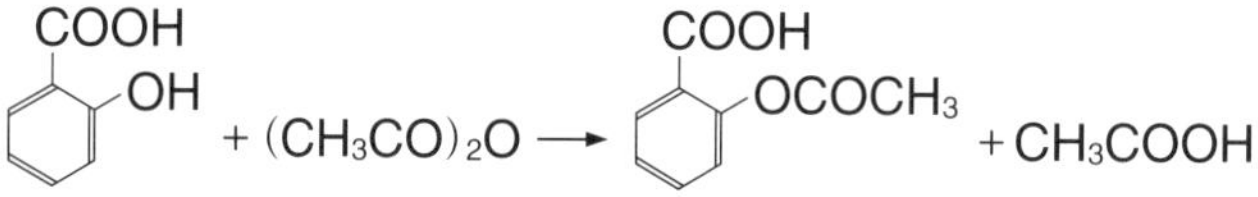

サリチル酸 + $(CH_3CO)_2O$ → アセチルサリチル酸 + CH_3COOH

アセチルサリチル酸

注 アセチルサリチル酸はエステルであるが，$(CH_3CO)_2O$ との反応はアセチル化。

③ セルロース

$$[C_6H_7O_2(OH)_3]_n + 3nHNO_3$$

$$\longrightarrow [C_6H_7O_2(ONO_2)_3]_n + 3nH_2O$$

トリニトロセルロース

2 アセチル化

① アニリン (⇨ 60－2)

$$C_6H_5-NH_2 + (CH_3CO)_2O \longrightarrow C_6H_5-NHCOCH_3 + CH_3COOH$$

② アミノ酸 (⇨ 78－4)

$$CH_3-CH(NH_2)-COOH + (CH_3CO)_2O \longrightarrow CH_3-CH(NHCOCH_3)-COOH + CH_3COOH$$

8 重　合

1 付加重合

① エチレン (⇨ 95－1)

$$nCH_2=CH_2 \longrightarrow \left[CH_2-CH_2 \right]_n$$

ポリエチレン

② アセチレン (⇨ 12－5)

$$3CH\equiv CH \longrightarrow C_6H_6$$

③ ビニル化合物 (⇨ 95－1)

$$nCH_2=CHCl \longrightarrow \left[CH_2-CH(Cl) \right]_n$$

ポリ塩化ビニル

$$nCH_2=CH(OCOCH_3) \longrightarrow \left[CH_2-CH(OCOCH_3) \right]_n$$

ポリ酢酸ビニル

$$nCH_2=CH(Cl) + nCH_2=CH(CN) \longrightarrow \left[CH_2-CH(Cl)-CH_2-CH(CN) \right]_n$$

④ 合成ゴム (⇨ 100－1)

$$nCH_2=CH-CH=CH_2 \longrightarrow \left[CH_2-CH=CH-CH_2 \right]_n$$

$$nCH_2=CH-CCl=CH_2 \longrightarrow \left[CH_2-CH=CCl-CH_2 \right]_n$$

注 生ゴムは，C_5H_8 イソプレンが付加重合した構造である。

$$nCH_2=CH-C(CH_3)=CH_2 \longrightarrow \left[CH_2-CH=C(CH_3)-CH_2 \right]_n$$

2 縮合重合

① ポリアミド

(⇨ 93－1)

$$nHOOC(CH_2)_4COOH + nH_2N(CH_2)_6NH_2$$

アジピン酸　ヘキサメチレンジアミン

$$\longrightarrow \left[CO-(CH_2)_4-CO-NH-(CH_2)_6-NH \right]_n + 2nH_2O$$

ナイロン66

② ポリエステル

(⇨ 93－2)

$$nHOOC-C_6H_4-COOH + nHO(CH_2)_2OH$$

テレフタル酸　エチレングリコール

$$\longrightarrow \left[CO-C_6H_4-COO-(CH_2)_2-O \right]_n + 2nH_2O$$

ポリエチレンテレフタラート

注 縮合重合は，多糖類やタンパク質にも見られる。デンプンはα-グルコース(ブドウ糖)，セルロースはβ-グルコース(ブドウ糖)，タンパク質はα-アミノ酸がそれぞれ縮合重合した形である。

9 加水分解

1 エステル

(⇨ 33－2)

$$CH_3COOC_2H_5 + NaOH \longrightarrow CH_3COONa + C_2H_5OH$$

$$\begin{array}{l} RCOOCH_2 \\ \quad\;\;| \\ R'COOCH \\ \quad\;\;| \\ R''COOCH_2 \end{array} + 3NaOH \longrightarrow \begin{array}{l} RCOONa \\ R'COONa \\ R''COONa \end{array} + C_3H_5(OH)_3$$

注 上記のような塩基によるエステルの加水分解を**けん化**という。

2 糖　類

(⇨ 72，75－2)

$$(C_6H_{10}O_5)_n + nH_2O \longrightarrow nC_6H_{12}O_6$$

デンプン, セルロース　グルコース

$$C_{12}H_{22}O_{11} + H_2O \longrightarrow C_6H_{12}O_6 + C_6H_{12}O_6$$

スクロース　グルコース　フルクトース

3 タンパク質

(⇨ 81－1)

$$\cdots NH-\underset{}{\overset{R_1}{\overset{|}{C}H}}-CO-NH-\overset{R_2}{\overset{|}{C}H}-CO-\cdots + nH_2O$$

$$\longrightarrow H_2N-\overset{R_1}{\overset{|}{C}H}-COOH + H_2N-\overset{R_2}{\overset{|}{C}H}-COOH + \cdots\cdots$$

10 ジアゾ化とカップリング反応

1 ジアゾ化

（⇨ 61－1）

$$C_6H_5\text{-}NH_2 + NaNO_2 + 2HCl \longrightarrow C_6H_5\text{-}N^+{\equiv}NCl^- + NaCl + 2H_2O$$

2 カップリング

（⇨ 61－2）

$$C_6H_5\text{-}N^+{\equiv}NCl^- + C_6H_5\text{-}ONa \longrightarrow C_6H_5\text{-}N{=}N\text{-}C_6H_4\text{-}OH + NaCl$$

11 合　成

1 アセチレンの合成

（⇨ 11）

$$CaC_2 + 2H_2O \longrightarrow CH{\equiv}CH + Ca(OH)_2$$ （実験室）

炭化カルシウム

$$2CH_4 \longrightarrow CH{\equiv}CH + 3H_2$$ （工業的）

メタン

2 フェノールの合成

① アルカリ融解法

（⇨ 53－1）

ベンゼン $\xrightarrow[\text{スルホン化}]{H_2SO_4}$ $C_6H_5\text{-}SO_3H$（ベンゼンスルホン酸） $\xrightarrow[\text{アルカリ融解}]{NaOH}$ $C_6H_5\text{-}ONa$（ナトリウムフェノキシド） $\xrightarrow{CO_2(+水)\ または\ 酸(H^+)}$ $C_6H_5\text{-}OH$（フェノール）

② クメン法

（⇨ 53－2）

ベンゼン ＋ $CH_3\text{-}CH{=}CH_2$（プロペン） $\xrightarrow{触媒}$ $C_6H_5\text{-}CH(CH_3)_2$（クメン（沸点152℃）） $\xrightarrow{O_2}$ （ $C_6H_5\text{-}C(CH_3)_2\text{-}OOH$ ）

$\xrightarrow{酸(H^+)}$ $C_6H_5\text{-}OH$（フェノール） ＋ $(H_3C)_2C{=}O$（アセトン）

◇有機化合物の呈色反応と検出物

反　応	左の反応からわかること
① 臭素水を加えると，臭素水の色が消える(赤褐色から無色)。	① 不飽和結合の存在；おもに炭素間二重結合 ⇨ 臭素の付加反応
② ナトリウムを加えると，水素が発生する。	② OH基の存在
③ アンモニア性硝酸銀水溶液を加えると，銀が析出する。	③ **銀鏡反応**；ホルミル基 −CHOの存在。また，単糖類・スクロースを除く二糖類。
④ フェーリング液を還元 ⇨ 赤色沈殿の生成	④ ③と同じ。赤色沈殿＝Cu_2O
⑤ 酸化生成物が，銀鏡反応を示す。またはフェーリング液を還元する。	⑤ 第一級アルコールと考えてよい。 ⇨ $R-CH_2OH \longrightarrow R-CHO$
⑥ ヨウ素I_2と水酸化ナトリウム(または炭酸ナトリウム)水溶液と加熱すると，黄色沈殿(特有のにおい)を生じる。	⑥ **ヨードホルム反応**；CH_3CO-(アセチル基)または$CH_3CH(OH)-$(酸化するとアセチル基となる)をもつ化合物。⇨ 黄色沈殿＝ヨードホルムCHI_3
⑦ 酸性を示し，銀鏡反応を示す(またはフェーリング液を還元する)。	⑦ ギ酸HCOOHと考えてよい。
⑧ 塩化鉄(Ⅲ)水溶液を加えると，青紫〜赤紫色になる。	⑧ フェノール類 ⇨ ベンゼン環にOH基が結合している。
⑨ さらし粉水溶液を加えると，赤紫色になる。	⑨ アニリン
⑩ 硫酸酸性の二クロム酸カリウム水溶液を加えると，黒色沈殿を生じる。	⑩ アニリン ⇨ 黒色沈殿＝アニリンブラック。
⑪ フェーリング液を還元しない(銀鏡反応を示さない)が，水によく溶け，加水分解生成物はフェーリング液を還元する。	⑪ スクロース ⇨ 還元性を示さないが，水に溶け，加水分解して生じる単糖は還元性を示す。
⑫ ヨウ素ヨウ化カリウム水溶液(ヨウ素溶液)を加えると，青紫色になる。	⑫ **ヨウ素デンプン反応**；デンプン
⑬ ニンヒドリン水溶液を加えて温めると，赤紫色になる。	⑬ **ニンヒドリン反応**；アミノ酸 ⇨ タンパク質も呈することがある。
⑭ 濃硝酸と加熱すると，黄色になる。さらにアンモニア水などで塩基性にすると，橙黄色になる。	⑭ **キサントプロテイン反応**；タンパク質 ⇨ ベンゼン環のニトロ化による。
⑮ 水酸化ナトリウム水溶液と硫酸銅(Ⅱ)水溶液を加えると，赤紫色になる。	⑮ **ビウレット反応**；タンパク質 ⇨ ペプチド結合を2つ以上もつ物質に見られる。

元素の周期表

＊安定な同位体がなく，同位体の天然存在比が一定しない元素については，その元素の最もよく知られた同位体のなかから1種を選んでその質量数を〔　〕内に示してある。
＊104番以降の元素の詳しい性質はわかっていない。

元素名―水素／原子番号―1／元素記号―H／原子量―1.008
元素記号 ｛色文字……常温で気体／灰色文字…常温で液体／その他……常温で固体｝
□…非金属元素
□…金属元素

遷移元素（他は典型元素）：3族～12族

周期＼族	1	2	3	4	5	6	7	8	9	10	11	12	13	14	15	16	17	18
1	水素 1 H 1.008																	ヘリウム 2 He 4.003
2	リチウム 3 Li 6.941	ベリリウム 4 Be 9.012											ホウ素 5 B 10.81	炭素 6 C 12.01	窒素 7 N 14.01	酸素 8 O 16.00	フッ素 9 F 19.00	ネオン 10 Ne 20.18
3	ナトリウム 11 Na 22.99	マグネシウム 12 Mg 24.31											アルミニウム 13 Al 26.98	ケイ素 14 Si 28.09	リン 15 P 30.97	硫黄 16 S 32.07	塩素 17 Cl 35.45	アルゴン 18 Ar 39.95
4	カリウム 19 K 39.10	カルシウム 20 Ca 40.08	スカンジウム 21 Sc 44.96	チタン 22 Ti 47.87	バナジウム 23 V 50.94	クロム 24 Cr 52.00	マンガン 25 Mn 54.94	鉄 26 Fe 55.85	コバルト 27 Co 58.93	ニッケル 28 Ni 58.69	銅 29 Cu 63.55	亜鉛 30 Zn 65.38	ガリウム 31 Ga 69.72	ゲルマニウム 32 Ge 72.63	ヒ素 33 As 74.92	セレン 34 Se 78.97	臭素 35 Br 79.90	クリプトン 36 Kr 83.80
5	ルビジウム 37 Rb 85.47	ストロンチウム 38 Sr 87.62	イットリウム 39 Y 88.91	ジルコニウム 40 Zr 91.22	ニオブ 41 Nb 92.91	モリブデン 42 Mo 95.95	テクネチウム 43 Tc 〔99〕	ルテニウム 44 Ru 101.1	ロジウム 45 Rh 102.9	パラジウム 46 Pd 106.4	銀 47 Ag 107.9	カドミウム 48 Cd 112.4	インジウム 49 In 114.8	スズ 50 Sn 118.7	アンチモン 51 Sb 121.8	テルル 52 Te 127.6	ヨウ素 53 I 126.9	キセノン 54 Xe 131.3
6	セシウム 55 Cs 132.9	バリウム 56 Ba 137.3	ランタノイド 57～71	ハフニウム 72 Hf 178.5	タンタル 73 Ta 180.9	タングステン 74 W 183.8	レニウム 75 Re 186.2	オスミウム 76 Os 190.2	イリジウム 77 Ir 192.2	白金 78 Pt 195.1	金 79 Au 197.0	水銀 80 Hg 200.6	タリウム 81 Tl 204.4	鉛 82 Pb 207.2	ビスマス 83 Bi 209.0	ポロニウム 84 Po 〔210〕	アスタチン 85 At 〔210〕	ラドン 86 Rn 〔222〕
7	フランシウム 87 Fr 〔223〕	ラジウム 88 Ra 〔226〕	アクチノイド 89～103	ラザホージウム 104 Rf 〔267〕	ドブニウム 105 Db 〔268〕	シーボーギウム 106 Sg 〔271〕	ボーリウム 107 Bh 〔272〕	ハッシウム 108 Hs 〔277〕	マイトネリウム 109 Mt 〔276〕	ダームスタチウム 110 Ds 〔281〕	レントゲニウム 111 Rg 〔280〕	コペルニシウム 112 Cn 〔285〕	ニホニウム 113 Nh 〔278〕	フレロビウム 114 Fl 〔289〕	モスコビウム 115 Mc 〔289〕	リバモリウム 116 Lv 〔293〕	テネシン 117 Ts 〔293〕	オガネソン 118 Og 〔294〕

ランタノイド	ランタン 57 La 138.9	セリウム 58 Ce 140.1	プラセオジム 59 Pr 140.9	ネオジム 60 Nd 144.2	プロメチウム 61 Pm 〔145〕	サマリウム 62 Sm 150.4	ユウロピウム 63 Eu 152.0	ガドリニウム 64 Gd 157.3	テルビウム 65 Tb 158.9	ジスプロシウム 66 Dy 162.5	ホルミウム 67 Ho 164.9	エルビウム 68 Er 167.3	ツリウム 69 Tm 168.9	イッテルビウム 70 Yb 173.0	ルテチウム 71 Lu 175.0
アクチノイド	アクチニウム 89 Ac 〔227〕	トリウム 90 Th 232.0	プロトアクチニウム 91 Pa 231.0	ウラン 92 U 238.0	ネプツニウム 93 Np 〔237〕	プルトニウム 94 Pu 〔239〕	アメリシウム 95 Am 〔243〕	キュリウム 96 Cm 〔247〕	バークリウム 97 Bk 〔247〕	カリホルニウム 98 Cf 〔252〕	アインスタイニウム 99 Es 〔252〕	フェルミウム 100 Fm 〔257〕	メンデレビウム 101 Md 〔258〕	ノーベリウム 102 No 〔259〕	ローレンシウム 103 Lr 〔262〕